21 世纪全国高职高专机电系列技能型规划教材

机床电气控制与维修

主　编　崔兴艳　庞文燕

副主编　肖迎俊　王　强

主　审　李军

北京大学出版社

PEKING UNIVERSITY PRESS

内 容 简 介

本书依据教育部高职高专教学改革精神，紧扣高技能型人才培养需求编写而成。本书紧密结合实际应用安排教学内容，以机床电气控制与维修为主线，以真实的项目为载体，着重培养学生机床电气设备安装、调试、维护和维修的基本技术技能，并将团队合作精神和职业素养的培养贯穿始终。本书系统完整，实用、操作性强。

本书内容分为上、下两篇。上篇为机床电气控制基本环节，共有 4 个项目，即三相异步电动机单向运行控制电路板的制作、三相异步电动机正反转控制电路板的制作、三相异步电动机降压起动控制电路板的制作、三相异步电动机制动控制电路板的制作；下篇为典型机床电气控制与维修，共含 5 个项目，即车床电气控制与维修、磨床电气控制与维修、铣床电气控制与维修、钻床电气控制与维修、20/5t 桥式起重机电气控制与维修。

本书可作为高职高专电气自动技术专业、机电一体化专业及相关专业的教材，也可作为岗位培训和工程技术人员的参考用书。

图书在版编目(CIP)数据

机床电气控制与维修/崔兴艳，庞文燕主编. —北京：北京大学出版社，2013.7
(21 世纪全国高职高专机电系列技能型规划教材)
ISBN 978-7-301-22632-2

Ⅰ.①机…　Ⅱ.①崔…②庞…　Ⅲ.①机床—电气控制系统—维修—高等职业教育—教材　Ⅳ.①TG502.35

中国版本图书馆 CIP 数据核字(2013)第 124162 号

书　　　　　名：机床电气控制与维修
著作责任者：崔兴艳　庞文燕　主编
策 划 编 辑：张永见
责 任 编 辑：张永见
标 准 书 号：ISBN 978-7-301-22632-2/TH・0351
出 版 发 行：北京大学出版社
地　　　　　址：北京市海淀区成府路 205 号　邮编：100871
网　　　　　址：http://www.pup.cn　新浪官方微博：@北京大学出版社
电 子 信 箱：pup_6@163.com
电　　　　　话：邮购部 62752015　发行部 62750672　编辑部 62750667　出版部 62754962
印 刷 者：涿州市星河印刷有限公司
经 销 者：新华书店
　　　　　　787 毫米×1092 毫米　16 开本　14.5 印张　330 千字
　　　　　　2013 年 7 月第 1 版　2013 年 7 月第 1 次印刷
定　　　　　价：28.00 元

前　　言

随着社会对高等职业教育高技能型人才需求的不断增长，高等职业教育教学改革不断深化，建设具有特色的高职教材已成为当前高等职业院校教学中的重要内容。

本书以电气自动化技术和机电一体化技术职业岗位需求为导向，借鉴了新加坡教学工厂职业教育理念，融入了职业资格考试的内容，本着"学生主体、工学结合、项目驱动、行动导向"的开发思路，本书用机床电气控制与维修中九个真实工作项目为载体，以行动导向教学法为依托，将"资讯、计划、决策、实施、检查、评估"六步教学法贯穿教材始终。

本书适用于"教、学、做"一体化教学形式，在使用过程中可根据专业和教学条件适当对内容进行取舍。

本书由哈尔滨职业技术学院崔兴艳、庞文燕任主编，哈尔滨职业技术学院肖迎俊和哈尔滨东安志阳汽车电气股份有限公司王强任副主编。具体分工是：崔兴艳编写了下篇的项目五、项目七和项目九；庞文燕编写了上篇的项目一和项目三；肖迎俊编写了上篇的项目四和下篇的项目八；王强编写了上篇的项目二和下篇的项目六；全书由崔兴艳、庞文燕统稿。

本书由李军主审，并提出了许多宝贵建议，在此表示衷心的感谢。在编写过程中，哈尔滨九洲电气有限公司王树庆、浙江求是教学仪器有限公司陈西玉等专家提出了许多宝贵的意见，在此一并表示感谢。

由于时间仓促，书中难免存在疏漏和不妥之处，恳请广大读者批评指正。

编　者

2013 年 3 月

目　　录

上篇

机床电气控制基本环节

　　"机床电气控制基本环节"通过三相异步电动机单向运行控制电路板的制作、三相异步电动机正反转控制电路板的制作、三相异步电动机降压启动控制电路板的制作和三相异步电动机制动控制电路板的制作来介绍机床电气控制基本环节的相关知识，包括绘制控制电路板的安装接线图，制定控制电路板安装和调试计划，通过对所设计方案的决策，制定出满足控制要求的合理的计划和方案，选择合适的器件和线材，准备工具和耗材，安装和制作控制电路并进行调试，调试成功后进行综合评价。

　　机床电气控制基本环节的具体任务为：选择元器件和导线及耗材、绘制元器件布置图和安装接线图、检测和安装元器件、布线、调试并排除故障和带负载调试。

　　通过本篇的学习可以达到如下要求。

　　(1) 认识低压配电电器、低压控制电器、低压主令电器、低压保护电器、低压执行电器。

　　(2) 掌握三相异步电动机点动、自锁、正反转、降压起动、制动控制电路的原理。

　　(3) 熟练掌握绘制电动机点动、自锁、正反转、降压起动控制电路的电气系统图的原则。

　　(4) 能够合理制订工作计划并选择优秀的方案。

　　(5) 能够根据控制要求选择合适的电气元器件并进行检验。

　　(6) 能够按照工艺要求进行正确布线。

　　(7) 具有初步的电气控制电路调试与故障诊断能力。

　　(8) 培养良好的职业习惯，包括以下几方面：①工具摆放合理，操作完毕后及时清理工作台，并填写使用记录；②提高团队合作能力与交流表达能力；③提高查阅资料和信息处理的能力，最终提高解决问题的能力。

　　在生产和实际生活中，有很多部件的运动都是由电动机拖动的，也就是说生产机械运动部件的各种运动都是通过电动机的各种转动实现的，如鼓风机的运动、运料小车的往复运动、电梯的上升和下降等，因此控制电动机间接地实现了对生产机械的控制。由于生产机械的各种运动形式不同，因而对电动机要采用不同的电气控制方式。图1为电动机拖动运料小车控制的实例。下面首先介绍如何对电动机进行电气控制，然后介绍如何制作各种电气控制板。

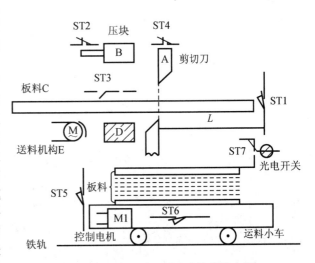

图1　电动机拖动运料小车控制的实例

项目一

三相异步电动机单向运行控制电路板的制作

在本项目中，首先明确三相异步电动机单向运行控制电路板制作的任务，接着学习低压电器结构组成及工作原理，点动和自锁控制电路的工作原理，然后进行电气系统图的绘制、元器件选择、安装及布线，最后进行电气控制板的检查与调试。通过本项目的学习应该达到的学习目标如下。

项目目标

知识目标	(1) 掌握低压电器的概念、结构组成、工作原理及选用的原则 (2) 掌握低压电器元器件的文字、图形符号及电路图识读 (3) 熟练掌握三相异步电动机单向运行的工作原理 (4) 了解点动和自锁的概念，及其在控制电路中的应用
能力目标	(1) 根据使用场合合理选用低压电器元器件 (2) 正确应用常用的电工工具完成低压电器元器件的安装 (3) 绘制电气原理图、元器件布置图及安装接线图 (4) 查找、排除故障 (5) 按图接线

重难点提示

重　点	三相异步电动机自锁控制电路的工作原理
难　点	按接线原理图接成三相异步电动机自锁控制电路板；完成实际安装、接线、调试运行

项目导入

三相异步电动机的单向运行控制在生产中应用最广泛，电动机单向运行控制的原理及安装与维修技能是维修电工必须掌握的基础知识和基本技能。下面通过点动控制、连续运行的两个具体电路来介绍单向运行控制电路。图1.1为三相异步电动机单向运行控制电路配电盘。

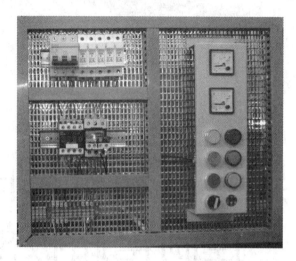

图 1.1　三相异步电动机单向运行控制电路配电盘

任务一　初步认识低压电器

在我国的经济建设和人民生活中，电能的应用越来越广泛。要实现工业、农业、国防和科学技术的现代化，就更离不开电气化。电器就是广义的电气设备。电路中电器是一种能够根据外界信号的要求，自动或手动地接通或断开电路，断续或连续地改变电路参数，实现电路或非电对象的切换、控制、保护、检测、变换和调节作用的电气设备。简言之，电器就是一种能够控制电的工具。从生产或使用的角度来看，电器可分为高压电器和低压电器两大类。我国的现行标准是将工作在交流额定电压 1 200V 以下、直流额定电压 1 500V 以下的电气线路中的电气设备称为低压电器。低压电器的种类繁多，按其结构、用途及所控制的对象的不同，可以采用不同的分类方式，以下介绍 4 种分类方式。

一、低压电器的分类

1. 按用途和控制对象分

按用途和控制对象的不同，可将低压电器分为低压配电电器和低压控制电器。

1) 低压配电电器

低压配电电器用在低压电力网中，主要用于低压配电系统，在系统发生故障时保证动作准确、工作可靠，在规定条件下具有相应的动稳定性与热稳定性，使电器不会被损坏。这类电器包括刀开关、转换开关、空气断路器和熔断器等。对低压配电电器的主要技术要求是断流能力强，限流效果好。

2) 低压控制电器

低压控制电器用在电力拖动及自动控制系统中，包括接触器、启动器和各种控制继电器、主令控制器和万能转换开关等。对低压控制电器的主要技术要求是操作频率高、寿命长、体积小、重量轻、动作迅速与准确、性能可靠，有相应的转换能力。

2. 按操作方式分

按操作方式的不同，可将低压电器分为自动电器和手动电器。

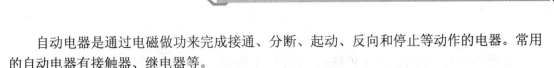

自动电器是通过电磁做功来完成接通、分断、起动、反向和停止等动作的电器。常用的自动电器有接触器、继电器等。

手动电器是通过人力做功来完成接通、分断、起动、反向和停止等动作的电器。常用的手动电器有刀开关、转换开关和主令电器等。

3. 按工作原理分

按工作原理的不同，可将低压电器分为电磁式电器和非电量控制电器。

电磁式电器是根据电磁感应原理来工作的电器，如接触器、各类电磁式继电器、电磁铁等。

非电量控制电器是靠外力或某种非电物理量的变化而动作的电器，如刀开关、行程开关、按钮、速度继电器、压力继电器等。

4. 按执行功能分

按执行功能的不同，可将低压电器分为有触点电器和无触点电器。

有触点电器有可分离的动触点、静触点，并利用触点的接通和分断来切换电路，如接触器、刀开关、按钮等。

无触点电器没有可分离的触点，主要利用电子元器件的开关效应，即导通和截止来实现电路的通、断控制，如接近开关、电子式时间继电器等。

另外，低压电器按工作条件还可划分为一般工业电器、船用电器、化工电器、矿用电器、牵引电器及航空电器等几类。对应于不同类型低压电器的防护形式，对其耐潮湿、耐腐蚀、抗冲击等性能的要求是不同的。

低压电器种类繁多，在实际生产中应用较多的是电磁式低压电器，本书中重点介绍电磁式低压电器的结构和应用。

二、电磁式低压电器的基本结构

各种电磁式电器在工作原理和结构上基本相同。从结构上看，低压电器大都由两个主要部分组成，即感测部分和执行部分。感测部分接收外界输入的信号，并通过转换、放大、判断，做出有规律的反应；而执行部分根据指令信号，输出相应的指令，执行电路的通、断控制，实现控制目的。对于电磁式电器，感测部分由电磁机构组成，而执行部分由触点系统构成。

1. 电磁机构

电磁机构的主要作用是将电磁能量转换成机械能量，带动触头动作，从而接通或分断电路。

1) 电磁机构的组成

电磁机构由吸引线圈、铁心(静铁心)、衔铁(动铁心)和空气隙等部分组成。其中吸引线圈、铁心是静止不动的，只有衔铁是可动的。其作用原理是：当线圈中有电流通过时，产生电磁吸力，电磁吸力克服弹簧的反作用力，使衔铁与铁心闭合，衔铁带动连接机构运动，从而带动相应的触点动作，完成对电路的接通与分断控制。

2) 电磁机构的形式

常用的电磁机构可分为 3 种形式, 如图 1.2 所示。衔铁绕棱角转动的拍合式铁心如图 1.2(a)所示, 这种形式被广泛应用于直流电器中; 衔铁绕轴转动的拍合式铁心如图 1.2(b)所示, 其铁心形状有 E 形和 U 形两种, 此种结构多用于触点容量较大的交流电器中; 衔铁沿直线运动的双 E 型直动式铁心如图 1.2(c)所示, 此种结构多用于交流接触器、继电器中。

(a) 衔铁绕棱角转动拍合式　(b) 衔铁绕轴转动拍合式　(c) 衔铁沿直线运动直动式

图 1.2　常用的电磁机构结构

3) 电磁机构的分类

电磁机构按吸引线圈所通电流性质的不同, 可分为直流电磁机构和交流电磁机构。

直流电磁铁由于通入的是直流电, 其铁心不发热, 只有线圈发热, 因此, 线圈与铁心接触有利于散热, 线圈做成无骨架、高而薄的瘦高型, 可以改善线圈自身的散热性。铁心和衔铁由软钢和工程纯铁制成。

交流电磁铁由于通入的是交流电, 铁心中存在磁滞损耗和涡流损耗, 这样会使线圈和铁心都发热, 因此, 交流电磁铁的吸引线圈设有骨架, 使铁心与线圈隔离并将线圈制成短而厚的矮胖型, 所以线圈匝数少, 这样有利于铁心和线圈的散热。铁心用硅钢片叠加而成, 以减小涡流损耗。

电磁铁工作时, 线圈产生的磁通作用于衔铁, 产生电磁吸力, 并使衔铁产生机械位移。衔铁在复位弹簧的作用下复位。因此, 作用在衔铁上的力有两个: 电磁吸力与反力。电磁吸力由电磁机构产生, 反力则由复位弹簧和触头弹簧产生。铁心吸合时要求电磁吸力大于反力, 即衔铁位移的方向与电磁吸力方向相同; 衔铁复位时要求反力大于电磁吸力。直流电磁铁的电磁吸力公式为

$$F = 4B^2S \times 10^5 \tag{1-1}$$

式中　F——电磁吸力(单位: N);

　　　B——气隙磁感应强度(单位: T);

　　　S——磁极截面面积(单位: m^2)。

由式(1-1)可知: 当线圈中通以直流电时, B 不变, F 为恒值; 当线圈中通以交流电时, 磁感应强度为交变量, 即

$$B=B_m\sin \omega t \tag{1-2}$$

由式(1-1)和式(1-2)可得

$$F=4B^2S\times10^5$$
$$=4S\times10^5 B_m^2 \sin^2 \omega t$$
$$=2B_m^2 S(1-\cos2\omega t)\times10^5$$
$$=2B_m^2 S\times10^5-2B_m^2 S\times10^5\cos2\omega t \tag{1-3}$$

由式(1-3)可知，交流电磁铁的电磁吸力在 0(最小值)～F_m(最大值)之间变化。在一个周期内，当电磁吸力的瞬时值大于反力时，铁心吸合；当电磁吸力的瞬时值小于反力时，铁心释放。当电源电压变化一个周期时，电磁铁吸合两次、释放两次，使电磁机构产生剧烈的振动和噪声，因而不能正常工作。

**特别提示**

为了消除交流电磁铁产生的振动和噪声，可在铁心的端面开一小槽，在槽内嵌入铜制短路环，如图 1.3 所示。加上短路环后，由于电磁吸力与磁通的平方成正比，因此由两相磁通产生的合成电磁吸力较为平坦，在电磁铁通电期间电磁吸力始终大于反力，使铁心牢牢吸合，从而可消除振动和噪声。

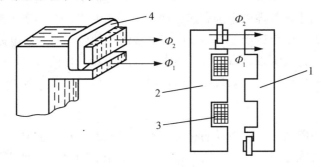

图 1.3 交流电磁铁短路环

1—衔铁；2—铁心；3—线圈；4—短路环

2. 触点系统

触点是电器的执行部分，起接通和分断电路的作用。触点通常用铜制成。由于铜制的触点表面易产生氧化膜，使触点的接触电阻增大，从而使触点的损耗也增大，易使触点发热导致温度升高，从而使触点易产生熔焊现象，影响工作的可靠性同时降低触点的使用寿命。接触电阻不仅与触点的接触形式有关，而且与接触压力、触点材料及触点表面状况有关。因此，有些小容量电器的触点采用银质材料，以减小接触电阻。因为银的氧化膜电阻率与纯银相似，所以能够避免触点表面氧化膜电阻率增大而造成触点接触不良。另外，材料的电阻系数越小，接触电阻也越小。在金属中银的电阻系数最小，但银比铜价格贵，在实际生产中常在铜触点的表面镀银，以减小接触电阻。

触点主要有两种结构形式：桥式触点和指形触点，如图 1.4 所示。

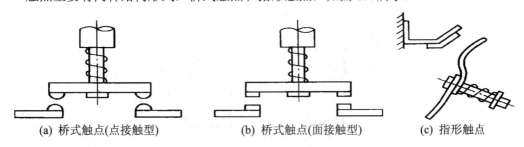

(a) 桥式触点(点接触型)　　(b) 桥式触点(面接触型)　　(c) 指形触点

图 1.4 触点的结构形式

桥式触点的两个触点串于同一条电路中，电路的通断由两个触点共同完成。桥式触点多为面接触，常用于大容量电器中。

指形接触的接触区为一直线,触点接通或分断时将产生滚动摩擦,有利于去掉氧化膜,同时也可以缓冲触点闭合时的撞击能量,改善触点的电气性能。

为了使触点接触得更紧密,以减小接触电阻,并消除开始接触时产生的振动,可在触点上安装接触弹簧。

3. 电弧的产生

当触点切断电路时,如果电路中的电压超过 10～20V 且电流超过 80～100mA,在拉开的两个触点之间将出现强烈的火花,这实际上是一种气体放电的现象,通常称为"电弧"。电弧的主要特点是外部有白炽弧光,内部有很高的温度和密度很大的电流,具有导电性。

电弧形成的过程是:当触点间刚出现断口时,触点间的距离极小,电场强度极大,在高热和强电场的作用下,气隙中电子高速运动产生碰撞游离,在游离因素的作用下,触点间的气隙中会产生大量带电粒子使气体导电,形成炽热的电子流,即电弧。

电弧的产生一方面会烧蚀触点,降低电器寿命和电器工作的可靠性;另一方面会使分断时间延长,严重时会引起火灾或其他事故,因此在电路中应采取适当措施熄灭电弧。

4. 灭弧装置

在大气中分断电路时,由于电场的存在,触点表面的大量电子溢出会产生电弧,电弧一经产生,就会产生大量热能。电弧的存在既烧蚀了触头的金属表面,降低了电器的使用寿命,又延长了电路的分断时间,所以必须把电弧熄灭。

为了使电弧熄灭,可采用将电弧拉长、使弧柱冷却、把电弧分成若干短弧等方法。灭弧装置就是基于这些原理来设计的。常用的灭弧装置有电动力灭弧、磁吹灭弧、金属栅片灭弧和灭弧罩灭弧。根据电流性质的不同,将电弧分为直流电弧和交流电弧。由于交流电弧有自然过零点,所以容易被熄灭;而直流电弧则不易熄灭。

在低压电器灭弧中,为了使电弧熄灭,可采用将电弧拉长、使弧柱冷却、把电弧分成若干短弧等方法。

1) 电动力灭弧

图 1.5 所示是一种桥式结构的双断口触点系统的电动力灭弧原理。当触点分断时,在断口处将产生电弧。电弧电流在两电弧之间产生如图 1.5 中所示的磁场。根据左手定则,电弧电流要受到一个指向外侧的电动力 F 的作用,使电弧向外运动并拉长,同时也使电弧温度降低,有助于熄灭电弧。

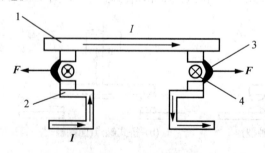

图 1.5 电动力灭弧原理

1—静触点;2—动触点;3—电弧;4—弧区磁场方向

这种灭弧方法简单，无需专门的灭弧装置，一般用于接触器等交流电器。当交流电弧电流过零时，触点间隙的介质强度迅速恢复，将电弧熄灭。

2) 磁吹灭弧

磁吹灭弧的原理如图 1.6 所示，在触头电路中串入一个磁吹线圈，该线圈产生的磁通经过导磁夹板引向触头周围。由图 1.6 可见，在弧柱下方，两个磁通是相加的，而在弧柱上方是彼此相减的，因此，在下强上弱的磁场作用下，电弧被拉长并吹入灭弧罩中。引弧角与静触点相连接，其作用是引导电弧向上运动，将热量传递给罩壁，使电弧冷却熄灭。

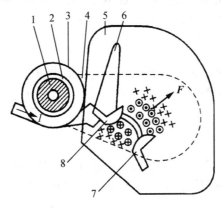

图 1.6 磁吹灭弧原理示意图

1—铁心；2—绝缘套；3—磁吹线圈；4—导磁夹板；5—灭弧罩；6—引弧角；7—动触点；8—静触点

该灭弧装置是利用电弧电流本身灭弧的，因而电弧电流越大，吹弧能力越强。它被广泛应用于直流接触器中。

3) 金属栅片灭弧

图 1.7 所示为金属栅片灭弧装置示意图。灭弧栅片是由多片镀铜薄钢片(称为栅片)组成的，它们被安放在电器触点上方的灭弧栅内，彼此之间互相绝缘。当电器的触点分离时，所产生的电弧在吹磁电动力的作用下被推向灭弧栅内。当电弧进入栅片后被分割成一段段串联的短弧，而栅片就是这些短弧的电极。每两片灭弧栅片之间都有 150～250V 的绝缘强度，使整个灭弧栅的绝缘强度大大加强，以致外加电压无法维持，电弧迅速熄灭。除此之外，栅片还能吸收电弧热量，使电弧冷却。基于上述原因，电弧进入栅片后会很快熄灭。由于栅片灭弧装置的灭弧效果在交流时要比直流时强得多，因此在交流电器中常采用栅片灭弧。

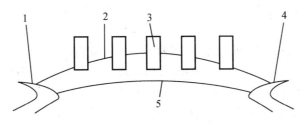

图 1.7 金属栅片灭弧原理示意图

1—静触点；2—短电弧；3—灭弧栅片；4—动触点；5—长电弧

4) 灭弧罩灭弧

比栅片灭弧更为简单的是采用一个由陶土和石棉、水泥做成的耐高温罩灭弧。电弧进入罩灭弧后，可以降低电弧温度和隔离电弧，可用于交流和直流灭弧。

三、低压电器的主要技术参数

1. 额定工作电压

额定工作电压指在规定条件下，能保证电器正常工作的电压值。一般指触点额定电压值。电磁式电器还规定了电磁线圈的额定工作电压。

2. 额定工作电流

额定工作电流指根据电器的具体使用条件确定的电流值，它和额定电压、电源频率、使用类别、触点寿命及防护参数等因素有关，同一个开关电器使用条件不同，其工作电流值也不同。

3. 通断能力

通断能力以控制规定的非正常负载时所能接通和断开的电流值来衡量。接通能力是指开关闭合时不会造成触点熔焊的能力。断开能力是指开关断开时能可靠灭弧的能力。

4. 寿命

低压电器的寿命包括机械寿命和电寿命。

 你知道什么是低压电器吗？

四、常用低压电器

1. 低压开关

1) 刀开关

刀开关是一种手动电器，是低压配电电器中结构最简单、应用最广泛的电器，主要用于不频繁地手动接通和分断交直流电路或作为隔离开关用，也可用于不频繁接通与分断额定电流以下的负载，如小型电动机等。

刀开关按极数分为单极、双极和三极；按操作方式分为直接手柄操作式、杠杆操作机构式和电动操作机构式；按转换方向分为单投和双投；按灭弧结构分为带灭弧罩和不带灭弧罩。

刀开关(knife switch)由手柄、触刀、静插座、铰链支座和绝缘底板等组成。为了使用方便和减小体积，往往在刀开关上安装熔丝或熔断器，组成兼有通断电路和保护作用的开关电器，如开启式负荷刀开关、封闭式负荷刀开关等。

(1) 开启式负荷刀开关。开启式负荷刀开关俗称胶盖瓷底刀开关，由于其结构简单、价格便宜、使用维修方便，故得到广泛应用，主要适用于交流 50Hz，额定电压单相 220V、三相 380V，额定电流在 100A 以下的电路，既可作为频繁地接通和分断有负载电路及小容量线路短路保护的开关，也可作为分支电路的配电开关使用。

胶盖瓷底刀开关由操作手柄、熔丝、触刀、触刀座和瓷底座等组成，如图 1.8 所示。这种刀开关装有熔丝，可起短路保护作用。

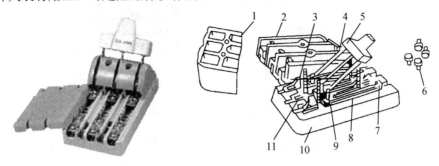

图 1.8　开启式负荷刀开关

1—上胶盖；2—下胶盖；3—插座；4—触刀；5—瓷柄；6—胶盖紧固螺母；7—出线座；8—熔丝；9—触刀座；10—瓷底板；11—进线座

这种刀开关依靠手动来实现触刀插入插座与脱离插座的控制。为了保证触刀与插座在合闸位置有良好接触，它们之间有一定的接触压力，对于额定电流较小的刀开关，插座多用硬紫铜制成，依靠材料的弹性来产生接触压力；对于额定电流较大的刀开关，则要通过插座两侧加设弹簧片来增加接触压力。触刀与插座的接触一般为楔形线接触。

为了使刀开关分断时有利于灭弧，加快分断速度，可采用带速断刀刃的刀开关与触刀能速断的刀开关，有的还装有灭弧罩。

 特别提示

这种刀开关在安装时，手柄要向上，不得倒装或平装，避免由于重力自动下落，引起误动合闸。

接线时，应将电源线接在上端，负载线接在下端，这样拉闸后刀开关的刀片与电源被隔离开，既便于更换熔丝，又可防止可能发生的意外事故。

(2) 封闭式负荷刀开关。封闭式负荷刀开关又称为铁壳开关。一般用于电力排灌、电热器、电器照明线路的配电设备不频繁地接通与分断电路中，也可直接用于异步电动机的非频繁全电压启动控制。

封闭式负荷刀开关主要由钢板外壳、触刀、操作机构、熔丝等组成，如图 1.9 所示。

封闭式负荷刀开关的操作机构有两个特点：一是采用储能合闸方式，即利用一根弹簧来执行合闸和分闸的功能，使开关闭合和分断时的速度与操作速度无关。它既有助于改善开关的动作性能，又能防止触点停滞在中间位置；二是设有联锁装置，以保证开关合闸后箱盖便不能打开，而在箱盖打开后开关不能再合上。

(3) 刀开关的主要技术参数。刀开关的主要技术参数有额定电压、额定电流、通断能力、动稳定电流、热稳定电流等。

动稳定电流是电路发生短路故障时，刀开关并不因短路电流产生的电动力作用而发生变形、损坏或触刀自动弹出等问题，这一短路电流(峰值)即为刀开关的动稳定电流，可高达额定电流的数十倍。

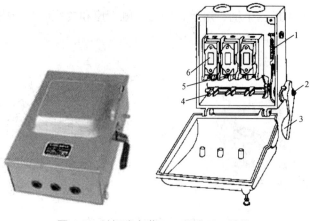

图 1.9 封闭式负荷刀开关外形、结构

1—速断弹簧；2—转轴；3—手柄；4—触刀；5—夹座；6—熔断器

热稳定电流是指发生短路故障时，刀开关在一定时间(通常为 1s)内通过某一短路电流，并不会因温度急剧升高而发生熔焊现象，这一最大短路电流称为刀开关的热稳定电流。刀开关的热稳定电流也可以高达额定电流的数十倍。

常用的刀开关有 HD 系列与 HS 系列，后者为刀形转换开关。转换开关用于转换电路，从一种联结转换至另一种联结。它们主要用来做隔离电源，无灭弧室的可接通与分断电流是 $0.3I_N$，而有灭弧室的可接通与断开电流是 I_N，但均用于不频繁地接通和分断电路。

(4) 刀开关的电气符号。刀开关的电气符号如图 1.10 所示。

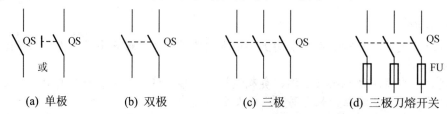

图 1.10 刀开关的电气符号

(5) 刀开关的选用原则如下。

① 根据使用场合，选择刀开关的类型、极数、操作方式。

② 刀开关的额定电压大于或等于线路电压。

③ 刀开关的额定电流应稍大于或等于电路工作电流。对于电动机负载，开启式刀开关的额定电流可按电动机额定电流的 3 倍选取；封闭式刀开关的额定电流可按电动机额定电流的 1.5 倍选取。

2) 组合开关

组合开关(built-switch)又称为转换开关，是一种多触点、多位置式，可控制多个回路的电器。组合开关实质为刀开关，它的刀片(动触片)是转动的，比刀开关轻巧而且组合性强，能组合成各种不同的电路。一般用于电气设备中，非频繁地接通与分断电路，换接电源和负载，测量三相电压以及控制小容量感应电动机的正反转和星形—三角形减压起动。

(1) 组合开关的结构组成及工作原理。组合开关由动触点(动触片)、静触点(静触片)、转轴、手柄、定位机构及外壳等组成，如图 1.11 所示。

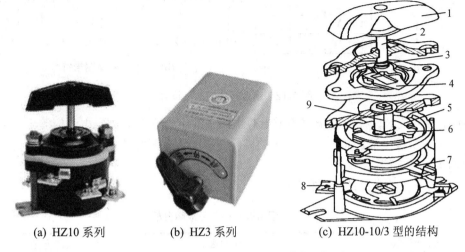

(a) HZ10 系列　　　(b) HZ3 系列　　　(c) HZ10-10/3 型的结构

图 1.11　组合开关结构示意图

1—手柄；2—转轴；3—弹簧；4—凸轮；5—绝缘垫板；6—动触点；
7—静触点；8—接线柱；9—绝缘方轴

它们的动、静触点都安放在数层胶木绝缘座内，胶木绝缘座可一个接一个地组装起来，多达 6 层。当转动手柄时，每层的动触点随方形转轴一起转动，从而实现对电路的接通和分断控制。

组合开关按不同形式配置动触点与静触点，绝缘座堆叠层数也可以不同，因而可组合成几十种接线方式。

(2) 组合开关的主要技术参数。组合开关的主要技术参数有额定电压、额定电流、允许操作频率、极数、可控制电动机最大功率等。其中额定电流有 10A、25A、60A 等级别。常用型号有 HZ5、HZ10、HZ15 等系列，其中 HZ15 为新型的全国统一设计的更新换代产品。HZ15 已取代了 HZ10 系列。

(3) 组合开关的型号含义及电气符号。

① 组合开关的型号含义如下。

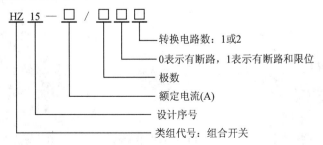

② 组合开关在电路中的电气符号表示方法有两种：一种是触点状态图结合通断表，另一种与手动刀开关图形符号相似而文字符号不同，如图 1.12 所示。

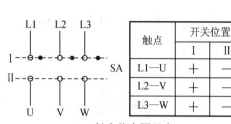

触点	开关位置	
	I	II
L1—U	+	—
L2—V	+	—
L3—W	+	—

(a) 触点状态图及表

(用作控制开关)　　　　(用作电源开关)

(b) 文字符号及图形符号

图 1.12　组合开关的电气符号

(4) 组合开关的选择。用于照明或电热电路中的组合开关的额定电流应等于或大于被控制电路中各负载电流的总和。用于电动机电路中的组合开关的额定电流一般取电动机额定电流的 1.5～2.5 倍。

(5) 组合开关的常见故障分析见表 1-1。

表 1-1　组合开关的常见故障分析

故障现象	产生原因	排除方法
手柄转动 90°而内部触点未动	手柄上三角形或半圆形口磨成圆形 操作机构损坏 绝缘杆由方形磨成圆形 轴与绝缘杆装配不紧	调换手柄 修理操作机构 更换绝缘杆 紧固轴与绝缘杆
手柄转动而 3 对静触点和动触点不能同时接通和断开	开关型号不对 修理后触头位置装配不对 触点失去弹性或有尘污	更换开关 重新装配 更换触点或清除尘污
开关接线柱线间短路	一般由于长期不清扫，铁屑或油污附在接线柱间形成导电层，将胶木烧焦，绝缘破坏形成短路	清扫开关或调换开关

2. 熔断器

1) 概述

图 1.13 是几种常用的熔断器。

(a) RT18 系列熔断器　　　(b) 磁插式熔断器　　　(c) 螺旋式熔断器

图 1.13　熔断器示意图

熔断器(fuse)是一种用于过载与短路保护的电器。熔断器是在线路中人为设置的"薄弱环节"，要求能够承受额定电流，而当电路短路或过载时则要充分显示出"薄弱性"来。超出限定值的电流通过熔断器的熔体时将其熔化而分断电路，从而保护电器设备的安全。

熔断器作为保护电器，具有结构简单、体积小、重量轻、使用和维护方便、价格低廉、可靠性高等优点，因此在强电系统和弱电系统中得到广泛应用。

2) 熔断器的结构、工作原理及保护特性

熔断器主要由熔体、触点插座和绝缘底板等部分组成。熔体是熔断器的核心部分，常做成丝状或片状，其材料有两类：一类为低熔点材料，如铅锡合金、锌等；另一类为高熔点材料，如银、铜、铝等。熔断器接入电路时，熔体串接在电路中，负载电流流经熔体，由于电流的热效应使温度上升，当电路发生过载或短路等现象时，电流大于熔体允许的正常发热电流，使熔体温度急剧上升，超过其熔点而熔断，将电路切断，因而能够有效地保护电路和设备。

电气设备的电流保护主要有过载延时保护和短路瞬时保护。过载保护与短路保护电流倍数不同，两者的差异也很大。从特性上看，过载需要反时限保护特性，短路则需要瞬动保护特性。从参数要求方面看，过载要求熔化系数小，发热时间常数大；短路则要求较大的限流系数、较小的发热时间常数、较高的分断能力和较低的过电压。从工作原理看，过载动作是物理过程，而短路则主要是电弧的熄灭过程。

熔断器在使用时串联在被保护电路中，电流通过熔体时产生的热量与电流的平方和电流通过的时间成正比，电流越大，则熔体的熔化时间越短，这种特性称为熔断器的安秒特性，即熔断器熔断时间 t 与熔断电流 I 的关系曲线。因 $t \propto 1/I^2$，熔断器安秒特性如图 1.14 所示。图中 I_∞ 为最小熔化电流或称临界电流，即通过熔体的电流小于此电流时不会熔断。所以选择的熔体额定电流 I_N 应小于 I_∞。通常 $I_\infty/I_N = 1.5 \sim 2$，称为熔化系数。该系数反映熔断器在过载时的保护特性，要使熔断器能保护小过载电流，熔化系数应低些。为避免电动机起动时的短时过电流，熔体熔化系数应高些。

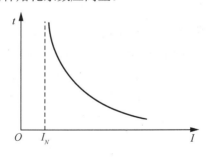

图 1.14 熔断器安秒特性

3) 熔断器的主要技术参数

熔断器的主要技术参数包括额定电压、熔体的额定电流、熔断器的额定电流、极限分断能力等。

(1) 额定电压：熔断器的额定电压是指熔断器长期工作时和分断后能够承受的电压，它取决于线路的额定电压，其值一般等于或大于所接电路的额定电压。

(2) 熔体的额定电流：熔体的额定电流是指熔体长期通过而不会熔断的电流。

(3) 熔断器的额定电流：熔断器的额定电流是保证熔断器(指绝缘底座)能长期正常工作的电流。

(4) 极限分断能力：极限分断能力是指熔断器在规定的额定电压和功率因数(或时间常数)的条件下，能分断的最大短路电流值。

4) 熔断器的分类

熔断器的种类很多，按结构分为开启式、半封闭式和封闭式；按有无填料分为有填料式、无填料式；按用途分为工业用熔断器、保护半导体器件熔断器及自复式熔断器等。

5) 几种常用的熔断器

常用的熔断器有 RC1A 系列瓷插式熔断器，RL6、RL7 系列螺旋式熔断器和 RLS2 系列螺旋式快速熔断器等，如图 1.15 所示。

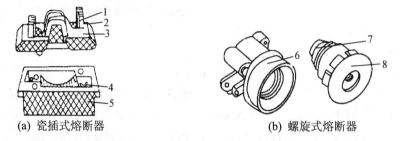

(a) 瓷插式熔断器　　　　　　　　　(b) 螺旋式熔断器

图 1.15　瓷插式和螺旋式熔断器结构示意图

1—动触点；2—熔体；3—瓷插件；4—静触点；5—瓷座；6—底座；7—熔体；8—瓷帽

(1) RC1A 系列瓷插式熔断器。这是一种常见的结构简单的熔断器，俗称"瓷插保险"。它由瓷盖、瓷座、触头、熔体 4 部分组成，电流较大时，在灭弧室中垫有石棉编织物，用以防止熔体熔断时金属颗粒喷溅。此种熔断器具有价廉、尺寸小、更换方便等优点。但是，其分断能力较小，电弧声光效应较大，多用于民用和工业企业的照明电路中。

(2) RL6 系列螺旋式熔断器。由瓷座、带螺纹的瓷帽、熔体、瓷套等组成。瓷管内装有熔体并装满石英砂，将熔管置入底座内，旋紧瓷帽，电路就可接通。瓷帽顶部有玻璃圆孔，其内有熔断指示器，当熔体熔断时指示器跳出。

管内石英砂用于熄灭电弧，当产生电弧时，电弧在石英砂中因冷却而熄灭。因此，这种熔断器具有较高的分断能力。常用的有 RL6、RL7 系列螺旋式熔断器。

(3) RLS2 系列螺旋式快速熔断器。它是在 RL1 系列基础上为保护硅整流元器件和晶闸管而设计的，主要用于保护半导体元器件。其结构与 RL1 系列完全相同。此外，还有 RS0、RS3 等系列快速熔断器。

(4) 封闭管式熔断器。该熔断器分为无填料封闭管式、有填料封闭管式两种，有 RM10、RT12、RT14、RT15 等系列，其中 RM10 为无填料管式熔断器，常用于低压配电网或成套配电设备中；RT12、RT14、RT15 为有填料管式熔断器，填料为石英砂，用来冷却和熄灭电弧，常用于大容量配电网或配电设备中。图 1.16 和图 1.17 是无填料封闭管式熔断器和有填料封闭管式熔断器。

(5) NT 型高分断能力熔断器。随着电网供电容量的不断增加，对熔断器的性能要求也更高。根据 AEC(Advanced Engine Components)公司制造技术标准生产的 NT 型系列产品为低压高分断能力熔断器，额定电压至 660V，额定电流至 1 000A，分断能力可达 120kA，适用于工厂电气设备、配电装置的过载和短路保护；NGT 型系列产品为快速熔断器，可用于半导体器件的保护。NT 型熔断器的规格齐全，具有功率小、性能稳定、限流性能好、体积小等优点。它也可用于导线的过载和短路保护。

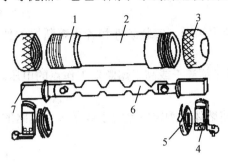

图 1.16　无填料封闭管式熔断器

1—铜圈；2—熔断器；3—铜帽；4—插座；
5—特殊垫圈；6—熔体；7—熔片

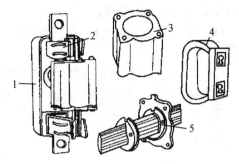

图 1.17　有填料封闭管式熔断器

1—瓷底座；2—弹簧片；3—管体；
4—绝缘手柄；5—熔体

(6) 自复式熔断器。自复式熔断器是一种新型熔断器，是利用金属钠作为熔体，在常温下具有高导电率，允许通过正常工作电流。当电路发生短路故障时，短路电流产生高温使金属钠迅速气化，气态钠呈现高阻态，从而限制了短路电流。当故障消除后，温度下降，金属钠重新固化，恢复其良好的导电性。因此，这种限流元器件被称为自复式熔断器或永久熔断器。

自复式熔断器的优点是不必更换熔体，能重复使用，但由于只能限流而不能切断故障电路，故一般不单独使用，均与低压断路器串联配合使用，以提高分断能力。

自复式熔断器实际上是一个非线性电阻。为了抑制分断时出现过电压，并断路器的脱扣机构始终有动作电流以保证其工作的可靠性，自复式熔断器要并联一个附加电阻。

6) 熔断器的型号意义及电气符号

(1) 熔断器的型号及含义如下。

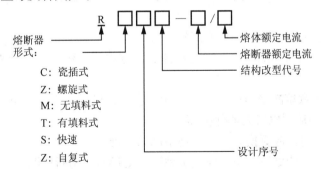

(2) 熔断器的图形符号及文字符号如图 1.18 所示。

FU

图 1.18　熔断器的图形符号及文字符号

7) 熔断器的选择

熔断器的选择主要包括类型、额定电压、熔体额定电流及熔断器额定电流等方面。一般应从以下几个方面选择。

(1) 熔断器类型的选择。根据线路的要求、使用场合、安装条件和各类熔断器的使用范围来选择。

(2) 熔断器额定电压的选择。熔断器额定电压必须等于或高于熔断器工作点的电压。

(3) 熔体额定电流的选择分为以下几种情况。

① 对于照明线路等没有冲击电流的负载，应使熔体的额定电流等于或稍大于电路的工作电流，即

$$I_{FU} \geqslant I \tag{1-4}$$

式中　I_{FU}——熔体的额定电流；

　　　I——电路的电流。

② 对于电动机类负载，要考虑起动冲击电流的影响，应按式(1-5)计算。

$$I_{FU} \geqslant (1.5 \sim 2.5)I_N \tag{1-5}$$

③ 当多台电动机由一个熔断器保护时，熔体额定电流应按式(1-6)计算。

$$I_{FU} \geqslant (1.5 \sim 2.5)I_{N\max} + \sum I_N \tag{1-6}$$

$I_{N\max}$ 为容量最大的一台电动机的额定电流，$\sum I_N$ 为其余电动机额定电流之和。

④ 降压起动的电动机选用熔体的额定电流等于或略大于电动机的额定电流。

(4) 熔断器的额定电流。熔断器的额定电流根据被保护的电路及设备的额定负载电流选择。熔断器的额定电流必须等于或高于所装熔体的额定电流。

(5) 熔断器的额定分断能力。熔断器的额定分断能力必须大于电路中可能出现的最大故障电流。

(6) 熔断器上、下级的配合。为了满足选择保护的要求，应注意熔断器上、下级之间的配合。为此，应使上一级(供电干线)熔断器的熔体额定电流比下一级(供电支线)的大1~2个级差。

8) 熔断器在使用维护方面的注意事项

(1) 安装前检查熔断器的型号、额定电流、额定电压、额定分断能力等参数是否符合规定要求。

(2) 安装时应注意熔断器与底座触刀接触应良好，以避免因接触不良造成温升过高，引起熔断器误动作和周围电气元器件损坏。

(3) 熔断器熔断时，应更换同一型号规格的熔断器。

(4) 工业用熔断器的更换应由专职人员完成，更换时应切断电源。

(5) 使用时应经常清除熔断器表面的尘埃，在定期检修设备时，如发现熔断器有损坏，应及时更换。

9) 熔断器的常见故障分析

熔断器的常见故障见表1-2。

表 1-2　熔断器的常见故障

故障现象	可能原因	排除方法
电动机起动瞬间熔体即熔断	1. 熔体安装时受机械损伤 2. 熔体规格太小 3. 被保护的电路短路或接地 4. 有一相电源发生断路	1. 更换新的熔体 2. 更换合适电流的熔体 3. 检查电路，找出故障点并排除 4. 检查熔断器及被保护电路，找出故障点并排除
熔丝未熔断，电路不通	1. 熔体或连接线接触不良 2. 紧固螺灯松脱	1. 旋紧熔体或将接线紧固 2. 找出松动处螺钉或螺母并旋紧
熔断器过热	1. 接线螺钉松动，导线接触不良 2. 接线螺钉锈死，压不紧线 3. 熔体规格太小，负载过大 4. 环境温度过高	1. 拧紧螺钉 2. 清除锈蚀，更换螺钉、垫圈 3. 更换合适的熔体 4. 改善环境条件
瓷绝缘件破损	1. 产品质量不合格 2. 外力破坏 3. 操作时用力过猛 4. 过热引起	1. 断电更换 2. 断电更换 3. 断电更换，注意操作手法 4. 查明原因，排除故障

3. 继电器

1) 概述

继电器是根据一定的信号的变化来接通或分断小电流电路和电器的自动控制电器。

继电器实际上是一种传递信号的电器，它根据特定形式的输入信号而动作，从而达到控制的目的。继电器一般不用来直接控制主电路，而是通过接触器或其他电器来对主电路进行控制，因此同接触器相比较，继电器的触头通常接在控制电路中，触头断流容量较小，一般不需要灭弧装置，但对继电器动作的准确性则要求较高。

继电器一般由 3 个基本部分组成：检测机构、中间机构和执行机构。

检测机构的作用是接收外界输入信号并将信号传递给中间机构；中间机构对信号的变化进行判断、物理量转换、放大等；当输入信号变化到一定值时，执行机构动作，从而使其所控制的电路状态发生变化，接通或断开某部分电路，达到控制或保护的目的。继电器种类很多，按输入信号可分为电压继电器、电流继电器、功率继电器、速度继电器、压力继电器、温度继电器等；按工作原理可分为电磁式继电器、感应式继电器、电动式继电器、电子式继电器、热继电器等；按用途可分为控制与保护继电器；按输出形式可分为有触点和无触点继电器；按动作时间分有瞬时继电器(动作时间小于 0.05s)和延时继电器(动作时间大于 0.15s)。

2) 电磁式继电器

电磁式继电器是以电磁力为驱动的继电器，是电气控制设备中用得最多的一种继电器。低压控制系统中的控制继电器大部分为电磁式结构。常用的电磁式继电器主要包括电流继电器、电压继电器及中间继电器，如图 1.19～图 1.21 所示。

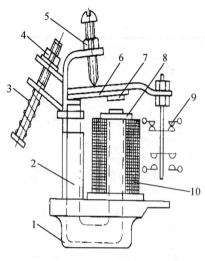

图 1.19　电磁式继电器结构图

1—底座；2—铁心；3—反力弹簧；
4、5—调节螺钉；6—衔铁；
7—非磁性垫片；8—极靴；
9—触点系统；10—电磁线圈

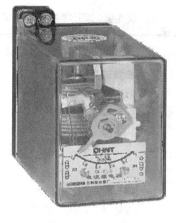

图 1.20　电流继电器

图 1.21　电压继电器

电磁式继电器的结构组成和工作原理如下。

电磁式继电器的结构组成和工作原理与电磁式接触器相似，它也是由电磁机构和触头系统两个主要部分组成的。即感测部分是电磁机构，执行部分是触点系统。电磁机构由线圈、铁心、衔铁组成。触点系统由于其触点都接在控制电路中，且电流小，故不装设灭弧装置。它的触点一般为桥式触点，有常开和常闭两种形式。另外，为了实现继电器动作参数的改变，继电器一般还具有改变释放弹簧松紧和改变衔铁开后气隙大小的装置，即反作用调节螺钉。

当通过电流线圈的电流超过某一定值时，电磁吸力大于反作用弹簧力，衔铁吸合并带动绝缘支架动作，使常闭触点断开，常开触点闭合。可通过调节螺钉来调节反作用力的大小，即可以调节继电器的动作参数值。

继电器与接触器有相同之处，也有不同之处。它们都是用来接通和断开电路的。首先，继电器一般用于控制电路中，用来控制小电流电路，触点额定电流一般不大于 5A，所以不加灭弧装置；而接触器一般用于主电路中，控制大电流电路，主触点额定电流不小于 5A，需要加灭弧装置。其次，接触器一般只能对电压的变化做出反应，而各种继电器可以在电量或非电量作用下产生动作。

电磁式继电器的主要特性如下。

继电器输入量和输出量之间在整个变化过程中的相互关系称为继电器的继电特性，如图 1.22 所示。

用 X 表示输入值，Y 表示输出值。在输入量 X 由零增大到 X_1 以前，继电器输出量为零。当输入量 X 增大到 X_2 时，继电器吸合，通过触点的输出量为 Y_0，若输入量

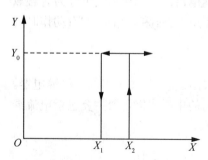

图 1.22　继电器的输入—输出特性

X 继续增加，则输出量 Y 值保持不变。相反，当输入量 X 减少到 X_1 时，继电器释放，输出 Y_0 减少到 0。X 再减小，Y 值恒为零。

X_2 被称为继电器的吸合值，欲使继电器动作，输入量 X 必须大于此值；X_1 被称为继电器的释放值，欲使继电器释放，输入量 X 必须小于此值。$K=X_1/X_2$ 称为继电器的返回系数。

(1) 电磁式电流继电器。电磁电流继电器是因电路中电流变化而动作的继电器，主要用于电动机、发电机或其他负载的过载及短路保护，直流电动机磁场控制或失磁保护等。电流继电器的线圈串于被测量电路中，以反映电流的变化。为了不影响电路的正常工作，其线圈匝数少、导线粗、阻抗小。电流继电器除用于电流型保护的场合外，还经常用于按电流原则控制的场合。电流继电器有过电流和欠电流继电器两种。

在电路正常工作时，过电流继电器的衔铁是释放的。一旦电路发生过载或短路故障，衔铁才吸合，带动相应的触点动作，即常开触点闭合，常闭触点断开。

在电路正常工作时，欠电流继电器的衔铁是吸合的，其常开触点闭合，常闭触点断开。当线圈中的电流降至额定电流的 10%～20%以下时，衔铁释放，发出信号，从而改变电路的状态。这种继电器用于直流电动机和电磁吸盘的失磁保护。

(2) 电磁式电压继电器。电压继电器反映的是电压信号。它是根据线圈两端电压的大小而接通或断开电路的继电器。它的线圈并联在被测电路的两端，所以匝数多、导线细、阻抗大。电压继电器按动作电压值的不同，分为过电压和欠电压继电器两种。

在电路电压正常时，过电压继电器的衔铁释放。当电路电压升高至额定电压的110%～115%以上时，衔铁吸合，带动相应的触点动作，对电路进行过电压保护；在电路电压下降时，欠电压继电器的衔铁吸合，一旦电路电压降至额定电压的 40%～70%以下时，衔铁释放，输出信号，对电路进行欠电压保护，其工作原理与欠电流继电器相似；欠电压继电器在电压减小至额定电压的 5%～25%时动作，对电路进行零压保护。

(3) 电磁式中间继电器。电磁式中间继电器实物如图 1.23 所示。

(a) JZ7 系列　　　　　　　　　　　(b) ZC1 系列

图 1.23　中间继电器实物图

中间继电器实质上也是一种电压继电器，只是它的触点对数较多，触点容量较大(额定电流为 5～10A)，是用来转换控制信号的中间元器件。其输入是线圈的通电或断电信号，输出信号为触点的动作。其主要用途是当其他继电器的触点或触点容量不够时，可借助于中间继电器来扩大它们的触点数或触点容量，主要起扩展控制范围或传递信号的中间转换作用。由于中间继电器触头容量较小，所以一般不能接到主电路中。

中间继电器的结构和电气符号如图 1.24 所示。

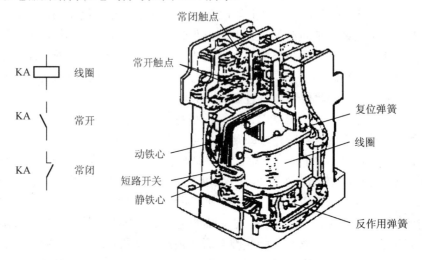

图 1.24　中间继电器的符号和结构示意图

3) 电磁式继电器的主要参数

(1) 灵敏度：使继电器动作的最小功率称为继电器的灵敏度。

(2) 额定电压和额定电流：对于电压继电器，它的线圈额定电压称为该继电器的额定电压；对于电流继电器，它的线圈额定电流称为该继电器的额定电流。

(3) 吸合电压和吸合电流：指能使继电器衔铁动作的线圈电压(对电压继电器)和电流(对电流继电器)称为吸合电压和吸合电流，用 U_{XH} 或 I_{XH} 表示。

(4) 释放电压和释放电流：线圈电压降低或电流减小时衔铁将被释放，使衔铁被释放的线圈电压或电流值称为释放电压和电流。

(5) 吸合时间和释放时间：吸合时间是线圈电流达到整定值，衔铁从开始吸合到完全闭合所需的时间。它的大小将影响继电器的操作频率。释放时间是线圈电流达到释放电流开始到衔铁完全释放所需要的时间。一般继电器的吸合时间和释放时间为 0.05～0.15s，快速继电器可达 0.005～0.05s。

(6) 整定值：可以通过调整反作用弹簧来整定电磁式过电流继电器的衔铁吸合电流值或释放值。这个预先整定的吸合值或释放值称为整定值。

(7) 返回系数：释放电压(或电流)与吸合电压(或电流)的比值称为返回系数，用 K 表示，其表达式为：电压继电器的返回系数 $K=U_{SF}/U_{XH}$；电流继电器的返回系数 $K=I_{SF}/I_{XH}$。返回系数实际上表示的是继电器的吸合值与释放值的接近程度。

4) 电磁式继电器的整定方法

在使用继电器前，应预先将它们的吸合值、释放值或返回系数整定为控制电路所需的值。电磁式继电器的整定方法有以下几种。

(1) 调节继电器螺钉上的螺母可以改变反力弹簧的松紧度，从而调节吸合电流(或电压)。反力弹簧调得越紧，吸合电流(或电压)就越大，反之就越小。

(2) 调节调整螺钉可以改变初始气隙的大小，从而调节吸合电流(或电压)。气隙越大，吸合电流(或电压)就越大，反之就越小。

(3) 改变非磁性垫片的厚度可以调节释放电流(或电压)。非磁性垫片越厚，吸合电流(或电压)就越大，反之就越小。

5) 电磁式继电器的常用型号

电磁式继电器的常用型号有 JL18、JT18、JZ15、3TH80、3TH82 及 JZC2 等系列。其中，JL18 系列为电流继电器，JT18 系列为直流通用继电器，JZ15 系列为中间继电器，3TH82 与 JZC2 系列类似，为接触器式继电器。

电流继电器、通用继电器、中间继电器型号的含义如下。

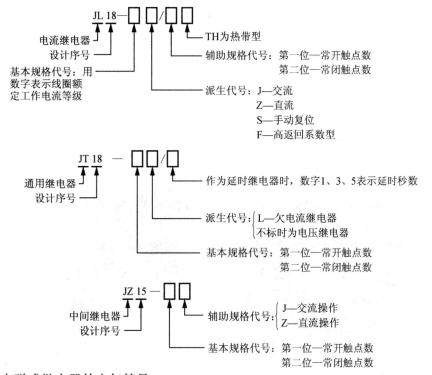

6) 电磁式继电器的电气符号

电流继电器的电气符号如图 1.25 所示。电流继电器的文字符号为 KI，在线圈方格中用 I>(或 I<)表示过电流(或欠电流)继电器。

(a) 过电流继电器符号   (b) 欠电流继电器符号

图 1.25 电流继电器的电气符号

电压继电器符号如图 1.26 所示。电压继电器的文字符号为 KV，线圈方格中用 U>(或 U<)表示过电压(欠电压)继电器。

(a) 过电流继电器符号　　　　　　　　(b) 欠电流继电器符号

图 1.26　电压继电器的电气符号

中间继电器的电气符号如图 1.27 所示，中间继电器的文字符号为 KA。

图 1.27　中间继电器的电气符号

继电器是组成各种控制系统的基本元器件，选用时应综合考虑继电器的适用性、功能特点、使用环境、额定工作电压及电流等因素，以进行合理的选择。

4. 热继电器

图 1.28 是几种常用的热继电器。

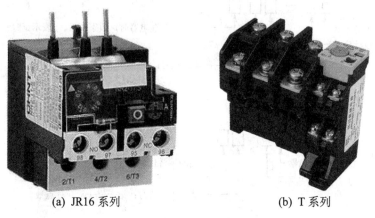

(a) JR16 系列　　　　　　　　(b) T 系列

图 1.28　热继电器外形

1) 热继电器结构及工作原理

热继电器是利用电流热效应原理工作的电器，主要用于三相异步电动机的过载、缺相及三相电流不平衡的保护。

热继电器的形式有多种，其中以双金属片式最多。双金属片式热继电器主要由热元器件、双金属片和触头 3 部分组成，其结构示意图如图 1.29 所示。

双金属片是热继电器的感测元器件，由两种膨胀系数不同的金属片碾压而成。当串联在电动机定子绕组中的热元器件有电流通过时，热元器件产生的热量使双金属片伸长，由于膨胀系数不同，致使双金属片发生弯曲。电动机正常运行时，双金属片的弯曲程度不足以使热继电器动作。当电动机过载时，流过热元器件的电流增大，再加上时间久，从而使双金属片的弯曲程度加大，最终使双金属片推动导板而使热继电器的触头动作，切断电动机的控制电路。

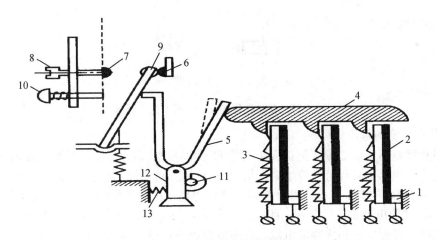

图 1.29　热继电器结构示意图

1—推杆；2—主双金属片；3—热元器件；4—导板；5—补偿双金属片；6—动断静触点；7—动合静触点；
8—复位调节螺钉；9—动触点；10—复位按钮；11—调节旋钮；12—支撑杆；13—弹簧

热继电器由于存在热惯性，当电路短路时不能立即动作而使电路断开，因此不能用于短路保护。同理，在电动机启动或短时过载时，热继电器也不会马上动作，从而可避免电动机不必要的停车。

2) 热继电器的型号和含义

(1) JR16 和 JR16D：JR16D 是带断相保护型，目前使用较多。其额定电流主要有 3 个规格：20A、60A、150A，热元器件电流值范围为 0.25～160A，特点是带断相保护和温度补偿，可手动或自动复位，但没有动作灵活性检查装置及动作后指示装置，目前已属淘汰产品。

(2) JR20 型：额定电流范围为 6.3～630A，热元器件电流值范围为 0.1～630A。它与 JR16 的不同之处是带有动作灵活性检查装置和动作后指示装置。但这种型号的热继电器质量不太稳定。

(3) T 系列：它是从德国引进的，可与 B 系列交流接触器配套成 MSB 系列电磁启动器，规格品种较多。

(4) 3UA 系列：这是 SIEMENS 公司产品，目前国内由苏州西门子电器有限公司生产。3UA59 系列是额定电流为 63A 以下的产品，使用较为广泛。

热继电器型号及其含义如下。

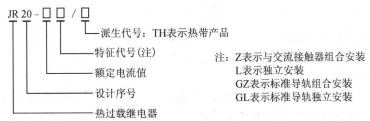

3) 热继电器的电气符号

热继电器的电气符号如图 1.30 所示。

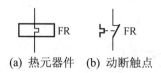

(a) 热元器件　　(b) 动断触点

图 1.30　热继电器的图形符号及文字符号

4) 热继电器的选用

选用热继电器时，必须了解被保护对象的工作环境、启动情况、负载性质等因素，选择原则是热继电器的安秒特性位于电动机过载特性之下，并尽可能接近。

(1) 热继电器的类型选择。若用热继电器作为电动机缺相保护，应考虑电动机的接法。对于 Y 形接法的电动机，当某相断线时，其余未断相绕组的电流与流过热继电器电流的增加比例相同。一般的三相式热继电器，只要整定电流调节合理，是可以对 Y 形接法的电动机实现断相保护的；对于△形接法的电动机，某相断线时，流过未断相绕组的电流与流过热继电器的电流增加比例则不同，也就是说，流过热继电器的电流不能反映断相后绕组的过载电流。因此，一般的热继电器，即使是三相式也不能为△形接法的三相异步电动机的断相运行提供充分保护。此时，应选用三相带断相保护的热继电器。带断相保护的热继电器的型号后面有 D、T 或 3UA 字样。

(2) 热元器件的额定电流选择。应按照被保护电动机额定电流的 1.1～1.15 倍选取热元器件的额定电流。

(3) 热元器件的整定电流选择。一般将热继电器的整定电流调整为等于电动机的额定电流；对于过载能力差的电动机，可将热元器件的整定值调整到电动机额定电流的 0.6～0.8 倍；对于起动时间较长、拖动冲击性负载或不允许停车的电动机，热元器件的整定电流应调整到电动机的额定电流的 1.1～1.15 倍。

5) 热继电器的使用和维护

(1) 热继电器的额定电流等级不多，但其发热元器件编号很多，每一种编号都有一定的电流整定范围。在使用时应使发热元器件的电流整定范围中间值与保护电动机的额定电流值相等，再根据电动机运行情况通过旋钮去调节整定值。

(2) 对于重要设备，一旦热继电器动作后，必须待故障排除后方可重新起动电动机，并采用手动复位方式；若电气控制柜操作地点较远，且从工艺上又易于看清过载情况，则可采用自动复位方式。

(3) 热继电器和被保护电动机的周围介质温度尽量相同，否则会破坏已调整好的配合情况。

(4) 热继电器必须按照产品说明书中规定的方式安装。当与其他电器安装在一起时，应将热继电器置于其他电器下方，以免其动作特性受其他电器发热的影响。

(5) 使用中应定期去除尘埃和污垢，并定期通电校验其动作特性。

6) 注意事项

(1) 使用中应定期清除污垢。双金属片上的锈斑可用布蘸汽油轻轻擦拭。

(2) 应定期检查热继电器的零部件是否完好、有无松动和损坏现象，可动部件有无卡碰现象等。发现问题及时修复。

(3) 应定期清除触点表面的锈斑和毛刺，若触点严重磨损至其厚度的 1/3，应及时更换。

(4) 热继电器的整定电流应与电动机的情况相适应，若发现其经常提前动作，可适当提高其整定值；若发现电动机温升较高，而热继电器动作滞后，则应适当降低整定值。

(5) 在继电器动作后，必须对电动机和设备情况进行检查，为防止热继电器再次脱扣，一般采用手动复位方式。若其动作是由于电动机过载所致，应采用自动复位方式。

(6) 对于易发生过载的场合，一般采用自动复位方式。

(7) 应定期检验热继电器的动作特性。

5. 接触器

图 1.31 是几种常用的接触器。

(a) CJX 系列   (b) CJ10 系列

图 1.31　接触器实物

接触器是用于远距离频繁地接通或断开交直流主电路及大容量控制电路的一种自动切换电器。接触器主要控制对象是电动机，也可以控制其他电力负载。

根据接触器主触点通过电流的种类，可以将接触器分为交流接触器和直流接触器。

1) 交流接触器

(1) 交流接触器结构。交流接触器主要由触点系统、电磁机构、灭弧装置和其他部件等组成，如图 1.32 所示。

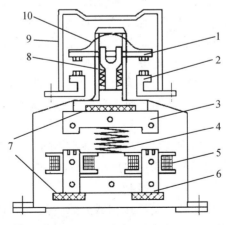

图 1.32　交流接触器结构示意图

1—动触点；2—静触点；3—衔铁；4—缓冲弹簧；5—电磁线圈；6—铁心；7—垫毡；
8—触点弹簧；9—灭弧罩；10—触点压力簧片

① 电磁机构：电磁机构的作用是将电磁能转换成机械能，控制触点的闭合和断开。

② 触点系统：触点是接触器的执行元器件，用来接通和断开电路。接触器的触点又有主触点和辅助触点之分。主触点用来接通和分断主电路，辅助触点用来接通和分断控制电路。主触点容量大，有 3 对或 4 对常开触点；辅助触点容量小，通常有两对常开和两对常闭触点，且分布在主触点两侧。

③ 灭弧装置：接触器在分断大电流电路时，在动静触头之间会产生较大的电弧，它不仅会烧坏触点，延长电路分断时间，严重时还会造成相间短路，所以在 20A 以上的接触器上均装有灭弧装置。对于小容量的接触器，常采用双断口触头灭弧、电动力灭弧及陶土灭弧罩灭弧。对于大容量的接触器，采用纵缝灭弧罩及栅片灭弧。

④ 其他部分：交流接触器的其他部分有底座、反力弹簧、缓冲弹簧、触点压力弹簧、传动机构和接线柱等。

(2) 交流接触器的工作原理图如图 1.33 所示。

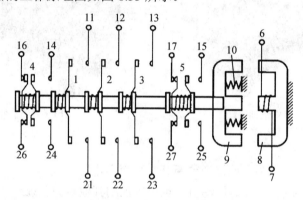

图 1.33 交流接触器的工作原理图

1、2、3—主触点；4、5—辅助触点；6、7—吸引线圈接线柱；8—铁心；9—衔铁；
10—复位弹簧；11～17，21～27—各触点的接线柱

当吸引线圈通电后，线圈电流在铁心中产生磁通，该磁通对衔铁产生克服复位弹簧反力的电磁吸力，使衔铁带动触点动作。触点动作时，一方面常闭触点先断开，常开触点后闭合，另一方面主触点闭合接通主电路。当线圈中的电压值降低到某一数值时(无论是正常控制还是欠电压、失电压故障，一般均降至线圈额定电压的 85%)，铁心中的磁通下降，电磁吸力减小，当减小到不足以克服复位弹簧的反力时，衔铁在复位弹簧的反力作用下复位，使主、辅触点的常开触点断开，常闭触点恢复闭合，这也是接触器的失压保护功能。

2) 直流接触器

直流接触器的结构和工作原理与交流接触器基本相同。

直流接触器主要用来接通和分断额定电压至 440V、电流至 630A 的直流电路或频繁地控制直流电动机起动、停止、反转及反接制动。

直流接触器的结构和工作原理与交流接触器类似，在结构上也是由触点系统、电磁机构和灭弧装置等部分组成的。只是铁心的结构、线圈形状、触点形状和数量、灭弧方式等方面有所不同。

3) 接触器的主要技术参数

(1) 额定电压：接触器主触点的额定工作电压。

(2) 额定电流：接触器主触点的额定工作电流。

(3) 吸引线圈的额定电压：直流线圈常用的电压等级为 24V、48V、220V、440V 等。交流线圈常用的电压等级为 36V、127V、220V 及 380V 等。

(4) 机械寿命与电气寿命：接触器是需要频繁操作的电器，应有较长的机械寿命和电寿命，接触器的机械寿命一般为几百万次或 1 千万次；电寿命一般是机械寿命的 5%~20%。

(5) 额定操作频率：每小时允许的操作次数。

(6) 接通与分断能力：接触器的主触点在规定的条件下，能可靠地接通和分断的电流值。

(7) 线圈消耗功率：线圈消耗功率可以分为起动功率和吸持功率。

(8) 动作值：动作值是指接触器的吸合电压和释放电压。

4) 接触器的常用型号及电气符号

(1) 接触器的常用型号。常用的交流接触器有 CJ20、CJ24、CJ26、CJ40、CJX1、CJX8、NC2、NC6、B、CDC、CK1 等。常用的直流接触器有 CZ0、CZ18、CZ22 等。

(2) 接触器型号的含义如下。

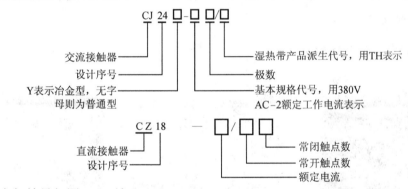

(3) 电气符号如图 1.34 所示。

（a）线圈　　　（b）主触点　　　（c）动合(常开)辅助触点　　　（d）动断(常闭)辅助触点

图 1.34　接触器的图形符号和文字符号

5) 接触器的选用

(1) 接触器类型的选择。接触器的类型应根据电路中负载电流的种类来选择，即交流负载应选用交流接触器，直流负载应选用直流接触器。

(2) 接触器主触点额定电压的选择。被选用的接触器主触点的额定电压应大于或等于负载的额定电压。

(3) 接触器主触点额定电流的选择。对于电动机负载，接触器主触点额定电流按式(1-7)计算。

$$I_N = \frac{P_N \times 10^3}{\sqrt{3}U_N \cos\varphi \times \eta}$$

(1-7)

式中　P_N——电动机额定功率；

　　　　U_N——电动机额定线电压。

功率因数 $\cos\varphi$ 取 0.85~0.9；电动机效率 η 取 0.8~0.9。

在选用接触器时，其额定电流应大于计算值。也可以根据电气设备手册给出的被控电动机的容量和接触器额定电流对应的数据选择。

在确定接触器主触点电流等级时，如果接触器的使用类别与所控制负载的工作任务相对应，一般应使主触点的电流等级与所控制的负载相当，或者稍大一些。

(4) 接触器吸合线圈电压的选择。如果控制电路比较简单，所用接触器数量较少，则交流接触器线圈的额定电压一般直接选用 380 V 或 220V。

如果控制电路比较复杂，使用的电器又比较多，为了安全起见，线圈的额定电压可选低一些。

直流接触器线圈的额定电压应视控制回路的情况而定。同一系列、同一容量等级的接触器，其线圈的额定电压有几种，可以选额定电压与直流控制电路的电压一致的线圈。

有时为了提高接触器的最大操作频率，在交流接触器中也有采用直流线圈的。

6. 低压断路器

低压断路器如图 1.35 所示。

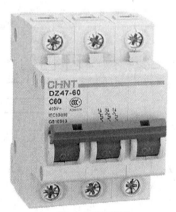

(a) DZ5 系列　　　　　　　(b) DZ47 系列　　　　　　　(c) DZ108 系列

图 1.35　低压断路器外形

1) 概述

低压断路器(曾称为自动开关)是一种不仅可以接通和分断正常负荷电流和过负荷电流，还可以接通和分断短路电流的开关电器。低压断路器在电路中除起控制作用外，还具有一定的保护功能，如短路、过载、欠压和漏电保护等。低压断路器可以手动直接操作或电动操作，也可以远程遥控操作。

2) 低压断路器的结构及工作原理

(1) 低压断路器的结构。低压断路器主要由触点系统、灭弧系统、操动机构和保护装置组成，如图 1.36 所示。

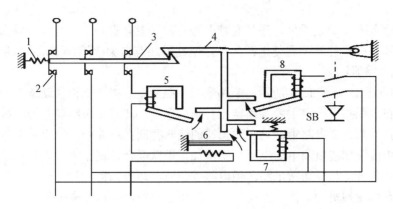

图 1.36 低压断路器的结构图

1—弹簧;2—主触点;3—传动杆;4—锁扣;5—过电流脱扣器;6—过载脱扣器;
7—欠压脱扣器;8—分励脱扣器

① 触点(静触点和动触点)在短路器中用来实现电路接通分断。触点的基本要求为:能安全可靠地接通和分断极限短路电流及以下的电路电流;能通过长期工作制的工作电流;在规定的电寿命次数内,接通和分断后不会产生严重磨损。

常用断路器的触点形式有对接式触点、桥式触点和插入式触点。对接式和桥式触点多为面接触或线接触,在触点上都焊有银基合金镶块。大型断路器每相除主触点外,还有副触点和弧触点。

断路器触点的动作顺序是:断路器闭合时,弧触点先闭合,然后是副触点闭合,最后才是主触点闭合;断路器分断时却相反,主触头承载负荷电流,副触点的作用是保护主触头,弧触头用来承担切断电流时的电弧烧灼,即电弧只在弧触点上形成,从而保证了主触点不被电弧烧蚀,能长期稳定地工作。

② 灭弧系统用来熄灭触头间在断开电路时产生的电弧。灭弧系统包括两个部分:一是强力弹簧机构,可使断路器触头快速分开;二是在触头上方设置的灭弧室。

③ 断路器操动机构包括传动机构和脱扣机构两大部分。传动机构按断路器操作方式的不同可分为手动传动、杠杆传动、电磁铁传动、电动机传动,按闭合方式的不同可分为储能闭合和非储能闭合。自由脱扣机构的功能是实现传动机构和触点系统之间的联系。

④ 保护装置。断路器的保护装置由各种脱扣器组成。断路器的脱扣器类型有失压欠压脱扣器、热脱扣器、过电流脱扣器和分励脱扣器等。

失压欠压脱扣器用来监视工作电压的波动。当电网电压降低至 70%～35%额定电压或电网发生故障时,断路器可立即分断;当电源电压低于 35%额定电压时,能防止断路器闭合。带延时动作的欠压脱扣器,可防止因负荷陡升引起的电压波动造成的断路器不适当地分断,其延时时间可分为 1s、3s 和 5s。

热脱扣器用于过载保护。

过电流脱扣器用于防止过载和负载侧短路。

分励脱扣器用于远程遥控或热继电器动作分断断路器。

一般断路器还具有短路锁定功能,用来防止断路器因短路故障分断后,在故障未排除前合闸。在短路条件下,断路器分断,锁定机构动作,使断路器机构保持在分断位置,锁定机构未复位前,断路器合闸机构不能动作,无法接通电路。

断路器除上述 4 类装置外，还具有辅助触点，一般有常开触点和常闭触点。辅助触点供信号装置和智能式控制装置使用。另外，断路器还有框架(万能式断路器)和塑料底座及外壳(塑壳式断路器)。

(2) 工作原理。如图 1.36 所示，断路器的主触头依靠操动机构手动或电动合闸，主触头闭合后，自由脱扣机构将主触头锁定在合闸位置上。此时，短路脱扣器的线圈和热脱扣器的热元器件串联在主电路中，欠压脱扣器的线圈并联在电路中。当电路发生短路或严重过载时，过电流脱扣器线圈中的电流急剧增加，衔铁吸合，使自由脱扣机构动作，主触头在弹簧作用下分开，从而切断电路。当电路过载时，热脱扣器的热元器件使双金属片向上弯曲，推动自由脱扣机构动作。当电路发生失压故障时，电压线圈中的磁通下降，使电磁吸力下降或消失，衔铁在弹簧作用下向上移动，推动自由脱扣机构动作。分励脱扣器用做远程分断电路。

(3) 低压断路器的分类。低压断路器被广泛应用于低压配电系统各级馈出线，各种机械设备的电源控制和用电终端的控制和保护电路中，低压断路器容量范围很大，最小为 4A，而最大可达 5000A。

低压断路器的分类方式很多，低压断路器按结构形式分，有万能式和塑壳式断路器；按灭弧介质分，有空气式和真空式；按操作方式分，有手动操作、电动操作和弹簧储能机械操作；按极数分，可分为单极、二极、三极和四极式；按安装方式分，有固定式、插入式、抽屉式和嵌入式等。其中常用的有万能式和塑壳式断路器。

① 万能式断路器。万能式断路器又称为框架式断路器。其特点是具有一个钢制框架，所有部件都装于框架内，导电部分需加绝缘，部件大都设计成可拆装式的，便于安装和制造。由于其保护方案和操作方式较多，装设地点也很灵活，因此有"万能式"之称。万能式断路器容量较大，可装设多种脱扣器，辅助触点的数量也较多，不同的脱扣器组合可形成不同的保护特性，故可用于选择性或非选择性或具有反时限动作特性的电动机保护。它通过辅助触点可实现远程遥控和智能化控制。其额定电流为 630～5000A。它一般用于变压器 400V 侧出线总开关、母线联络开关或大容量馈线开关和大型电动机控制开关。

我国自行开发的万能式断路器系列有 DW15、DW16、CW 系列；引进技术的产品有德国 AEG 公司的 ME 系列、日本寺崎公司的 AH 系列、日本三菱公司的 AE 系列，西门子公司的 3WE 系列等，以及目前国内各生产厂以各自产品命名的高新技术开关。

② 塑料外壳式断路器。塑料外壳式断路器简称塑壳式低压断路器，原被称为装置式自动空气断路器，其主要特征是所有部件都安装在一个塑料外壳中，没有裸露的带电部分，提高了使用的安全性。新型的塑壳断路器也可制成选择型。小容量的断路器采用非储能式闭合，手动操作；大容量的断路器的操作机构采用储能式闭合，可以手动操作，也可由电动机操作。电动机操作可实现远程遥控操作。其额定电流一般为 6～630A，有单极、二极、三极和四极式。目前已有额定电流为 800～3 000A 的大型塑壳式断路器。

塑壳式断路器一般用于配电馈线控制和保护，小型配电变压器的低压侧出线总开关，动力配电终端和保护及住宅配电终端控制和保护，也可用于各种产生机械的电源开关。

我国自行开发的塑壳式断路器系列有 DZ5 系列、DZ15 系列、DZ20 系列、DZ25 系列，引进技术生产的有日本寺崎公司的 TO、TG 和 TH-5 系列，西门子公司的 3VE 系列，日本三菱公司的 M 系列，ABB 公司的 M611 和 SO60 系列，施耐德公司的 C45N 系列等，以及生产厂以各自产品命名的高新技术塑壳式断路器。其派生产品有DZX系列限流断路器，带剩余电流保护功能的剩余电流动作保护断路器及缺相保护断路器等。

③ 漏电保护断路器。漏电保护断路器分为电磁式电流动作型、电压动作型和晶体管电流动作型等。电磁式电流动作型剩余电流保护断路器是常用的漏电保护断路器。其结构是在一般的塑料外壳式断路器中增加了一个能检测剩余电流的感应元器件和剩余电流脱扣器。在正常运行时，各相电流的相量和为零，检测电流互感器二次侧无输出。当出现漏电或人身触电时，在检测电流互感器二次线圈上会感应出剩余电流。剩余电流脱扣器受此电流激励，使断路器脱扣而断开电路。

电磁式剩余电流保护断路器是直接动作型的，动作较可靠，但体积较大，制造工艺要求也高。晶体管或集成电路式剩余电流保护断路器是间接动作型的，因而可使检测电流互感器的体积大大缩小，从而也缩小了断路器的体积。随着电子技术的发展，人们现在越来越多地采用了集成电路剩余电流保护断路器。

3) 低压断路器的主要技术参数、型号含义及电气符号

(1) 低压断路器的主要技术参数。我国低压电器标准规定低压断路器应有下列技术参数。

① 型式：断路器型式包括相数、极数、额定频率、灭弧介质、闭合方式和分断方式。

② 主电路额定值：主电路额定值有额定工作电压、额定电流、额定短路接通能力、额定短路分断能力等。万能式断路器的额定电流分为主电路的额定电流和框架等级的额定电流。

③ 额定工作制：断路器的额定工作制可分为8小时工作制和长期工作制两种。

④ 断路器辅助电路参数：断路器辅助电路参数主要为辅助触点特性参数。万能式断路器一般具有常开触点、常闭触点各3对，供信号装置及控制回路使用；塑壳式断路器一般不具备辅助触点。

⑤ 其他：断路器特性参数除上述各项外，还包括脱扣器型式及特性、使用类别等。

(2) 低压断路器的型号含义。目前有DZ5、DZ10、DZX10、DZ15、DZ20、DM1等系列产品。

DZ20系列塑壳式低压断路器的型号含义如下。

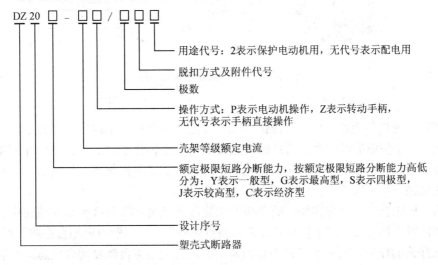

(3) 低压断路器的电气符号。断路器的图形符号和文字符号如图 1.37 所示。

图 1.37　断路器的图形符号和文字符号

4) 低压断路器的选用

(1) 选用技术标准。低压断路器的选用应符合 GB 14048.2—2008《低压开关设备和控制设备　第 2 部分：断路器》等国家标准要求。

(2) 选用原则如下。

① 断路器类型的选择，应根据电路的额定电流及保护的要求来选用。

② 断路器的额定工作电压应大于或等于线路或设备的额定工作电压。

③ 断路器的主电路额定工作电流应大于或等于负载工作电流。

④ 断路器的过电流脱扣器的整定电流应大于或等于线路的最大负载电流。

⑤ 断路器的欠电压脱扣器的额定电压等于主电路额定电压。

⑥ 断路器的额定通断能力大于或等于电路的最大短路电流。

7. 控制按钮

1) 控制按钮的结构及工作原理

控制按钮是一种手动且一般可以自动复位的主令电器。控制按钮的作用主要是发布命令控制其他电器的动作和短时接通或断开小电流电路，其外形及结构原理如图 1.38 所示。

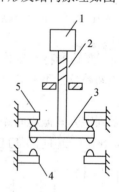

图 1.38　按钮的实物图和结构图

1—按钮帽；2—弹簧；3—动触点；4、5—静触点

按钮是一种结构简单、使用广泛的手动主令电器，在控制电路中作远程手动控制电磁式电器用。由于按钮的触点允许通过的电流较小，一般不超过 5A，因此按钮不用来直接控制主电路的通断，而是用在控制电路中发出"命令"去控制接触器、继电器等，再由它们来控制主电路。

按钮一般由按钮、复位弹簧、触点和外壳等部分组成，图 1.38 所示的按钮中有两对常开触点和两对常闭触点。按下按钮时，常闭触点先断开，常闭触点再闭合；按下再放开时，由于复位弹簧的作用，常开触点先恢复断开状态，常闭触点再恢复闭合状态。控制按钮的图形符号和文字符号如图 1.39 所示。图 1.39(c)中，用虚线将属于同一按钮下的常开和常闭触点连接起来，表示它们是相互关联的。

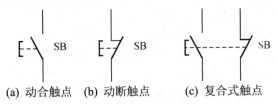

(a) 动合触点　　(b) 动断触点　　(c) 复合式触点

图 1.39　按钮的图形符号及文字符号

2) 控制按钮的种类及常用型号

按照按钮的用途和结构的不同，控制按钮可分为起动按钮、停止按钮、复合按钮等。国家标准 GB 5226.1—2008 对按钮颜色做出如下规定。

(1) "停止"和"急停"按钮的颜色为红色。

(2) "起动"按钮的颜色为绿色。

(3) "起动"与"停止"交替动作的按钮为黑色、白色或灰色。

(4) "点动"按钮的颜色为黑色。

(5) "复位"按钮的颜色是蓝色(如保护继电器的复位按钮)。

3) 控制按钮型号及含义

目前使用比较多的有 LA10、LA18、LA19、LA20、LAY3 系列等。

LA 系列按钮型号及含义如下。

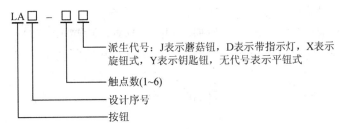

派生代号：J表示蘑菇钮，D表示带指示灯，X表示旋钮式，Y表示钥匙钮，无代号表示平钮式

触点数(1~6)

设计序号

按钮

按钮中的触点形式和数量根据需要可以装配成一常开一常闭形式。接线时，可以只接常开或常闭触点。

4) 控制按钮的选择

控制按钮的选用有以下几个原则。

(1) 根据用途选用合适的型式。

(2) 根据工作状态指示和工作情况要求，选择按钮和指示灯的颜色。

(3) 根据控制电路的要求和需要，确定按钮数量。

5) 控制按钮的使用及维护

(1) 由于按钮的触点间距较小，若有油污等极易发生短路事故，故使用时应经常保持触点间的清洁。

(2) 按钮用于高温场合，易使塑料变形老化，导致按钮松动，引起接线螺钉间相碰短路，可视情况在安装时多加一个紧固圈，两个拼紧使用；或者在接线螺钉处加套塑料绝缘管。

（3）带指示灯的按钮由于灯泡发热，时间长时易使塑料灯罩变形造成调换灯泡困难，故不宜用在通电时间较长之处；如果使用，可适当降低灯泡电压，延长使用寿命。

6）控制按钮的常见故障分析

（1）按下起动按钮时有触电感觉。故障的原因一般为按钮的防护金属外壳与连接导线接触或按钮帽的缝隙间充满铁屑，使其与导电部分形成通路。

（2）停止按钮失灵，不能断开电路。故障的原因一般为接线错误、线头松动或搭接在一起、铁尘过多或油污使停止按钮两常开触头形成短路、胶木烧焦。

（3）按下停止按钮，再按起动按钮，被控电器不能动作。故障的原因一般为被控电路有故障、停止按钮的复位弹簧损坏或按钮接触不良。

任务二　电气控制电路图的绘制原则

电气控制电路图主要由电气控制原理图、安装接线图及元器件布置图组成。每一种线路图既有区别又有联系。

一、控制电路的原理图的绘制和分析

1. 控制电路的原理图绘制原则

电气原理图是表示电路中各元器件工作关系以及工作原理的图形，并不按照电气元器件的实际位置来绘制，也不反映电气元器件的大小。它的作用是便于人们详细了解控制系统的工作原理，指导系统或设备的安装、调试与维修。

电气原理图是根据控制电路工作原理绘制的，具有结构简单、层次分明、便于研究和分析线路工作原理的特征。电气原理图一般分为主电路和控制电路两部分。主电路指从电源到电动机绕组的大电流通过的路径。控制电路由接触器、继电器的线圈和触点等构成，控制电路是小电流电路。除此之外还有辅助电路，辅助电路是指设备中的信号、照明和保护电路等。

图 1.40 是三相笼型异步电动机单向运行控制电路原理图。

控制线路的原理图应按以下原则绘制。

（1）控制电路、辅助电路要分开画。通常主电路用粗实线表示，画在左边（或上部）；控制电路和辅助电路用细实线表示，画在右边（或下部)。

（2）原理图中各电气元器件不画实际的外形图，而采用国家规定的统一标准图形符号，文字符号也要符合国家标准规定。

（3）同一电器的各个部件可根据需要画在不同的地方，但必须用相同的文字符号标注。

（4）电气原理图中所有元器件的可动部分通常表示在电器非激励或不工作的状态和位置，其中常见的元器件状态有以下几种。

① 继电器和接触器的线圈处在非激励状态。

② 断路器和隔离开关在断开位置。

③ 零位操作的手动控制开关在零位状态。

④ 机械操作开关和按钮在非工作状态或不受力状态。

⑤ 保护类元器件处在设备正常工作状态。

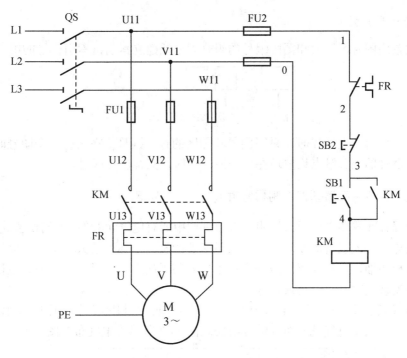

图 1.40　三相笼型异步电动机的单向运行控制电路电气原理图

(5) 表示导线、信号通路、连接导线等图线都应是交叉和折弯最少的直线。在电气原理图中，有直接联系的交叉导线连接点，要用黑圆点表示；无直接联系的交叉导线连接点不画黑圆点。

(6) 原理图的绘制应布局合理、排列均匀，为了便于看图，可以水平布置，也可以垂直布置。

(7) 电气元器件应按功能布置，并尽可能按工作顺序排列，其布局顺序应该是从上到下，从左到右。

2. 图幅的分区

在图的边框处，竖边方向用大写拉丁字母，横边方向应从左上角开始用阿拉伯数字顺序编号，分格数应是偶数，建议组成分区的长方形的任何边长都不小于 25mm、不大于 75mm。

在具体使用时，对于水平布置的电路，一般只需标明行的标记；对于垂直布置的电路，一般只需标明列的标记；复杂的电路需标明组合标记。例如，在图 1.41 中只标明了列的标记。

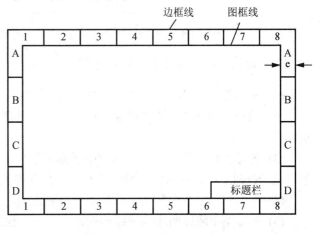

图 1.41　图幅分区示例

3. 符号位置索引

符号位置用图号、页次和图区编号的组合索引法建立索引，索引代号的组成如下。

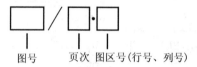

图号　页次　图区号(行号、列号)

当某图号仅有一页图样时，只写图号和图区的行、列号，在只有一个图号时，图号可省略。而元器件的相关触点只出现在一张图样上时，只标出图区号。

二、电气元器件布置图的绘制和分析

电气元器件布置图主要用来标明电气原理图中所有电气元器件、电气设备的实际位置，为生产机械电气控制设备的制造、安装提供必要的资料。体积较大的电气元器件应该安装在电气安装板下面，发热元器件应安装在电气安装板的上面。经常要维护、检修、调整的电气元器件安装位置不宜过高或过低。

机床电气元器件布置主要由机床电气设备布置图、控制柜及控制板电气设备布置图、操作台及悬挂操纵箱电气设备布置图等组成。图 1.42 所示为电气布置图。

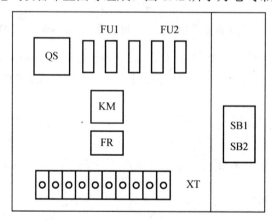

图 1.42　三相笼型异步电动机的单向运行控制电路元器件布置图

三、电气元器件安装接线图的绘制原则及分析

(1) 元器件的图形、文字符号应与电气原理图标注完全一致。

(2) 同一元器件的各个部件必须画在一起，并用点划线框起来。各元器件的位置应与实际位置一致。

(3) 各元器件上凡需接线的部件端子都应绘出，控制板内外元器件的电气连接一般要通过端子排进行，各端子的标号必须与电气原理图上的标号一致。

(4) 走向相同的多根导线可用单线或线束表示。

(5) 接线图中应标明连接导线的规格、型号、根数、颜色和穿线管的尺寸等。

图 1.43 所示为三相异步电动机单向运行控制电路电气元器件安装接线图。

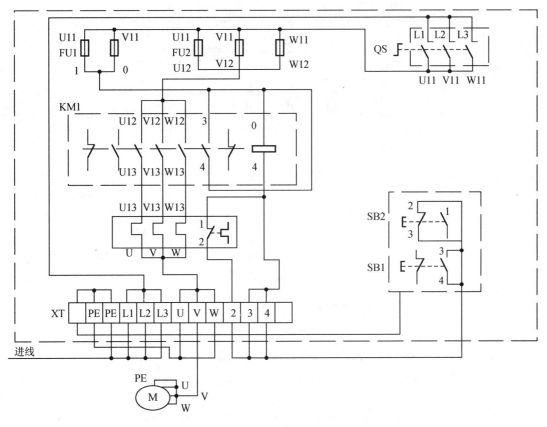

图 1.43 三相异步电动机单向运行控制电气元器件安装接线图

任务三 三相异步电动机单向运行控制电路安装、接线及运行调试

一、三相笼型异步电动机单向运行控制电路的组成及工作原理

1. 电路组成

如图 1.44 所示，该电路由电源隔离开关、熔断器、接触器、热继电器、电机、按钮组成。电源隔离开关起隔离作用，为检修提供方便。熔断器是起短路保护作用的。接触器用于控制电机运转，并带有零压保护和欠压保护作用；热继电器是起过载保护作用的；按钮是用来操作的。

2. 三相异步电动机单向运行工作原理

1) 三相异步电动机单向点动控制电路工作原理(图 1.44)

(1) 合上电源开关 QS。

(2) 按下起动按钮 SB，接触器 KM 线圈得电，接触器主触点闭合，电动机 M 单向运行。

(3) 松开按钮 SB，KM 线圈失电，KM 主触点断电，电动机 M 停止转动。

由以上分析可知，点动是按下按钮电动机就转动，松开按钮电动机就停止转动。由点动组成的电路就是点动控制电路。

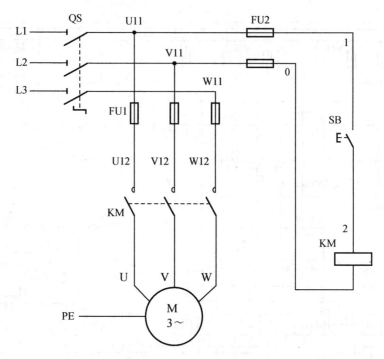

图 1.44　三相异步电动机单向点动控制电路工作原理图

2) 三相异步电动机单向长动运行控制电路工作原理(图 1.45)

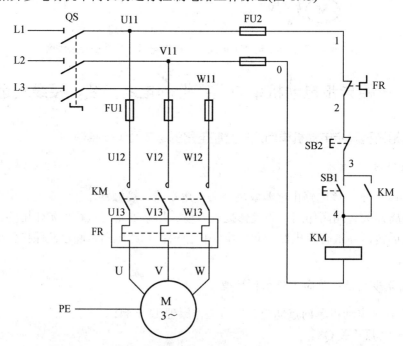

图 1.45　三相异步电动机单向长动运行控制电路工作原理图

(1) 合上电源开关 QS。

(2) 按下起动按钮 SB2，接触器 KM 线圈得电，接触器主触点闭合，电动机 M 单向运行。

(3) 松开 SB2，自锁或者自保持。这种松开按钮后，依靠接触器自身辅助触点始终保持其线圈得电的工作称为自锁或自保持。

(4) 按下停止按钮 SB1，KM 线圈失电，KM 主触点断电，电动机 M 停止转动。

3. 控制电路的保护环节

以上电路通过熔断器实现短路保护；通过热继电器实现过载保护；通过接触器触点实现零压和欠压保护。

二、三相异步电动机单向运行控制电路元器件安装、布线及调试

(一) 安装前的准备

1. 训练工具、仪表

安装所需工具及仪表如图 1.46 所示。

图 1.46　安装所需工具及仪表

(1) 工具：测试笔、螺钉旋具、斜口钳、尖嘴钳、剥线钳、电工刀等。

(2) 仪表：兆欧表、万用表。

2. 线材

在图 1.47 所示器材库里选择相应的线材。

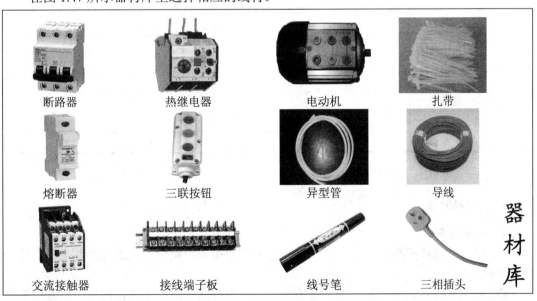

图 1.47　器材库

(1) 控制板一块。

(2) 导线及规格：主电路导线由电动机容量确定；控制电路一般采用截面面积为 $1mm^2$ 的铜心导线(BV)；按钮线一般采用截面面积为 $0.75mm^2$ 的铜心线(RV)；导线的颜色要求主电路与控制电路必须有明显的区别。

(3) 备好编码套管和扎带。

你知道单向运行控制电路中所需的低压电气控制元器件有哪些吗？各种电气控制元器件的型号、技术参数如何，下面就来学习一下。

3. 元器件的选择

根据原理图、元器件布置图和电气安装接线图，按照元器件的选用原则在图 1.47 所示器材库里选出并配齐所有电气元器件。

所需元器件明细见表 1-3。

表 1-3　元器件明细表

代号	名称	型号	规格	单位	数量	单价	金额	用途	备注
M	三相异步电动机	Y132S-4	5.5kW、380V、11.6A、△ 接法、1440r/min	台	1				
QS									
FU1									
FU2									
KM									
SB									
XT									
	主电路导线								
	控制电路导线								
	按钮线								
	接地线								
	行线槽								
	配线板								

(二) 元器件检查及安装

1. 元器件检查

1) 外观检查

(1) 电气元器件的技术数据(如型号、规格、额定电压、额定电流)应完整并符合要求，外观无损伤。

(2) 电气元器件的电磁机构动作是否灵活，有无衔铁卡阻等不正常现象，用万用表检测电磁线圈的通断情况以及各触头的分合情况。

(3) 接触器的线圈电压和电源电压是否一致。

(4) 对电动机的质量进行常规检查(每相绕组的通断、相间绝缘、相对地绝缘)。

2) 万用表检查

万用表如图 1.48 所示。

(1) 万用表选择 $R\times100$ 或者 $R\times1K$ 挡,并进行欧姆调零。

(2) 将触头两两测量查找,未按下按钮时阻值为"∞",而按下按钮时阻值为 0 的一对为常开触头;相反,不按时阻值为 0,而按下按钮时阻值为"∞"的一对为常闭触头。

3) 用兆欧表检测器件绝缘电阻

用兆欧表检测电气元器件及电动机的绝缘电阻等有关技术数据是否符合要求,兆欧表如图 1.49 所示。

图 1.48 万用表

图 1.49 兆欧表

2. 安装步骤及工艺要求

在控制板上按电器布置图安装电气元器件,工艺要求如下。

(1) 组合开关、熔断器的受电端子应安装在控制板的外侧。

(2) 每个元器件的安装位置应整齐、匀称、间距合理、便于布线及元器件的更换。

(3) 紧固各元器件时要用力均匀,紧固程度要适当。

3. 布线

按接线图的走线方法进行板前明线布线和套编码套管,板前明线布线的工艺要求如下。

(1) 布线通道尽可能地少,同路并行导线按主、控制电路分类集中,单层密排,紧贴安装面布线。

(2) 同一平面的导线应高低一致或前后一致,不能交叉。非交叉不可时,应水平架空跨越,但必须走线合理。

(3) 布线应横平竖直,分布均匀。变换走向时应垂直。

(4) 布线时严禁损伤线心和导线绝缘。

(5) 在每根剥去绝缘层导线的两端套上编码套管。所有从一个接线端子(或线桩)到另一个接线端子(或接线桩)的导线必须连接,中间无接头。

(6) 导线与接线端子或接线桩连接时,不得压绝缘层、不反圈及不露铜过长。

(7) 一个电气元器件接线端子上的连接导线不得多于两根。

(8) 根据电气接线图检查控制板布线是否正确。

(9) 连接电动机和按钮金属外壳的保护接地线(若按钮为塑料外壳,则按钮外壳不需接地线)。

(10) 连接电源、电动机等控制板外部的导线。

4. 线路检查

1) 自检

(1) 按电路原理图或电气接线图从电源端开始,逐段核对接线及接线端子处是否正确,有无漏接、错接之处。检查导线接点是否符合要求,压接是否牢固。接触应良好,以免带负载运行时产生闪弧现象。

(2) 用万用表检查线路的通断情况。检查时,应选用倍率适当的电阻挡,并进行校零,以防短路故障发生。对控制电路的检查(可断开主电路),可将表笔分别搭在 U11、V11 线端上,读数应为"∞"。按下 SB 时,读数应为接触器线圈的电阻值,然后断开控制电路再检查主电路有无开路或短路现象,此时可用手动操作机构来代替接触器通电进行检查。

(3) 用兆欧表检查线路的绝缘电阻应不得小于 0.5MΩ。

(4) 熔断器的熔体选择合理,热继电器的整定值应调整合适。

2) 指导教师检查

在自检无误后,一定要经过指导教师检查,确保无误后才允许通电试车。

5. 单向运行控制电路检修

在检查时如果遇到故障可用下列方法排除。

1) 检修的一般步骤

(1) 确认故障现象的发生,并分清本故障是属于电气故障还是机械故障。

(2) 根据电气原理图,认真分析发生故障的可能原因,大概确定故障发生的可能部位或回路。

(3) 通过一定的技术、方法、经验和技巧找出故障点,这是检修工作的难点和重点。由于电气控制电路结构复杂多变,故障形式多种多样,因此要快速、准确地找出故障点,要求操作人员既要学会灵活运用"看"(看是否有明显损坏或其他异常现象)、"听"(是否有异常声音)、"闻"(是否有异味)、"摸"(是否发热)、"问"(向有经验的老师傅请教)等检修经验,又要弄懂电路原理,掌握一套正确的检修方法和技巧。

2) 常用分析方法

电气控制电路故障的常用分析方法有调查研究法、试验法、逻辑分析法和测量法。

(1) 调查研究法:调查研究法就是通过"看"、"听"、"闻"、"摸"、"问",了解明显的故障现象;通过走访操作人员,了解故障发生的原因;通过询问他人或查阅资料,帮助查找故障点的一种常用方法。

(2) 试验法:试验法是在不损伤电气和机械设备的条件下,以通电试验来查找故障的一种方法。通电试验一般采用"点触"的形式进行试验。

(3) 逻辑分析法:逻辑分析法是根据电气控制电路工作原理、控制环节的动作程序以及它们之间的联系,结合故障现象进行故障分析的一种方法。它以故障现象为中心,对电路进行具体分析,提高了检修的针对性,可收缩目标,迅速判断故障部位,适用于对复杂线路的故障检查。

(4) 测量法：测量法是利用校验灯、试电笔、万用表、蜂鸣器、示波器等对线路进行带电或断电测量的一种方法。在利用万用表欧姆挡和蜂鸣器检测电气元器件及线路是否断路或短路时必须切断电源。同时，在测量时要特别注意是否有并联支路或其他电路对被测线路产生影响，以防误判。

6. 通电调试

1) 空载调试

在不接负载的情况下通电调试。先合上电源开关，按下启动按钮观察接触器的吸合情况。在自锁状态下，接触器的动作机构应该是吸合的。

2) 带负载调试

(1) 长动调试。接上电动机，合上电源开关，按下起动按钮观察接触器的吸合情况及电动机的运行情况，松开按钮电动机连续运行。按下停止按钮，电动机停止转动。

(2) 点动调试。拆下接触器自锁触点，再按下起动按钮，观察接触器的吸合情况及电动机的运行情况，松开按钮电动机停止转动，从而比较出自锁和点动的区别。

试车完毕先拆除电源线后拆除负载线，清理工作台填写好使用记录。

三、考核

三相异步电动机单向运行电气控制电路板制作考核要求及评分标准见表 1-4。

表 1-4　三相异步电动机单向运行电气控制电路板制作考核要求及评分标准

测评内容	配分	评分标准		操作时间	扣分	得分
绘制元器件布置图	10	绘制不正确	每处扣 2 分	20min		
安装元器件	20	1. 不按图安装 2. 元器件安装不牢固 3. 元器件安装不整齐、不合理 4. 损坏元器件	扣 5 分 每处扣 2 分 每处扣 2 分 扣 10 分	20min		
布线	50	1. 导线截面选择不正确 2. 不按图接线 3. 布线不合要求 4. 接点松动，露铜过长，螺钉压绝缘层等 5. 损坏导线绝缘或线芯 6. 漏接接地线	扣 5 分 扣 10 分 每处扣 2 分 每处扣 1 分 每处扣 2 分 扣 5 分	60min		
通电试车	20	1. 第一次试车不成功 2. 第二次试车不成功 3. 第三次试车不成功	扣 5 分 扣 5 分 扣 5 分	20min		
安全文明操作		违反安全生产规程	扣 5～20 分			
定额时间 (3h)	开始时间 (　　)	每超时 2min 扣 5 分				
	结束时间 (　　)					
合计总分						

电气控制电路的故障检修评分标准见表 1-5。

表1-5 评分标准

项目内容	配分	评分标准		扣分
故障分析	40	1. 不能根据试车的状况说出故障现象	扣5~10分	
		2. 不能标出最小故障范围	每个故障扣10分	
故障排除	60	停电不能验证停电	扣5分	
		测量仪表、工具使用不正确	每次扣5分	
		检测故障方法、步骤不正确	扣10分	
		不能查出故障	每个故障扣20分	
		查出故障但不能排除	每个故障扣15分	
		损坏元器件	扣40分	
		扩大故障范围或产生新的故障	每个故障扣40分	
安全文明生产	倒扣	违反安全文明生产规程,未清理场地	扣10~60分	
定额时间	30分钟	开始时间	结束时间	实际时间
备注		1. 不允许超时检修故障,但在修复故障时每超时1min扣2分 2. 除定额工时外,各项内容的最高扣分不得超过配分		成绩

知识拓展

安全电压

安全电压,是指为了防止触电事故而由特定电源供电的电压系列,国家标准《特低电压(ELV)限值》(GB/T 3805—2008)规定我国安全电压额定值的等级为42V、36V、24V、12V和6V,应根据作业场所、操作员条件、使用方式、供电方式、线路状况等因素选用。

在一般情况下,12V、24V、36V是安全电压的3个级别。凡手提照明灯、危险环境和特别危险环境的携带式电动工具,一般采用42V或36V安全电压;凡金属容器内、隧道内、矿井内等工作地点狭窄、行动不便,以及周围有大面积接地导体的环境,应采用24V或12V安全电压。除上述条件外,特别潮湿的环境采用6V安全电压。

项 目 小 结

本项目主要介绍了常用低压电器,介绍了接触器、继电器、低压断路器、刀开关、保护及主令电器等常用电器,并分析了电气元器件的基本结构、工作原理及其主要参数、型号与图形符号,重点介绍了由这些元器件组成的三相交流异步电动机单向运行控制电路,掌握点动和自锁的概念,介绍了电气原理图、元器件布置图及安装接线图的绘制规则及安装接线的工艺要求和如何进行安装调试。

习　　题

一、选择题

1. 由于电弧的存在，将导致(　　)。
    A. 电路的分断时间加长　　　　　　B. 电路的分断时间缩短
    C. 电路的分断时间不变　　　　　　D. 电路的分断能力提高
2. 关于接触电阻，下列说法中不正确的是(　　)。
    A. 由于接触电阻的存在，会导致电压损失
    B. 由于接触电阻的存在，触点的温度降低
    C. 由于接触电阻的存在，触点容易产生熔焊现象
    D. 由于接触电阻的存在，触点工作不可靠

二、判断题

1. 直流电磁机构的吸力与气隙的大小无关。 (　　)
2. 只要外加电压不变化，交流电磁铁的吸力在吸合前后是不变的。 (　　)
3. 交流接触器铁心端面嵌有短路铜环的目的是保证动、静铁心吸合严密，不发生振动与噪声。 (　　)
4. 触点的接触电阻不仅与触点的接触形式有关，而且还与接触压力、触点材料及触点表面状况有关。 (　　)
5. 刀开关在接线时，应将负载线接在上端，电源线接在下端。 (　　)
6. 三相笼型异步电动机的电气控制电路，如果使用热继电器作过载保护，就不必再装设熔断器进行短路保护。 (　　)
7. 进行失压保护的目的是防止电压恢复时电动机自起动。 (　　)

三、简答题

1. 什么是低压电器？常用的低压电器有哪些？
2. 低压电器的电磁系统有哪些常见故障？各由哪些可能的原因造成？怎样检查排除？
3. 低压电器的触点系统常见故障有哪些？各由哪些可能的原因造成？怎样检查排除？
4. 简述常用的几种熔断器的基本结构及各部分的作用，试说明怎样根据线路负荷选用熔断器。
5. 交流接触器由哪几大部分组成？试述各大部分的基本结构及作用。
6. 简述交流接触器的工作原理及选用原则。
7. 交流接触器的铁心端面上为什么要安装短路环？
8. 根据接触器的结构，如何区分是交流接触器还是直流接触器？
9. 什么是继电器？按用途不同可分为哪两大类？
10. 简述触点分断时电弧产生的原因及常用的灭弧方法。

11. 低压断路器可以起到哪些保护作用？说明其工作原理。

12. 按钮的作用是什么？由哪几部分组成？

13. 试述转换开关的用途、主要结构及使用注意事项。

14. 装置式、万能式自动开关主要由哪些部分构成？它的热脱扣器、失压脱扣器是怎样工作的？试述自动开关的工作原理。

15. 试述胶盖闸刀和铁壳开关的基本结构、接线和安装上墙要求。

16. 简述热继电器的主要构造和工作原理。为什么说热继电器不能对电路进行短路保护？

17. 什么是自锁？什么是点动？点动和自锁有什么区别？

项目二

三相异步电动机正反转
控制电路板的制作

在本项目中，首先明确三相异步电动机正反转控制电路板的制作任务，接着学习三相异步电动机正反转控制电路的工作原理，然后进行电气系统图的绘制、元器件选择、安装及布线，最后进行电气控制板的检查与调试。通过本项目的学习应该达到的学习目标如下。

➤ 项目目标

知识目标	(1) 熟练掌握三相交流异步电动机实现正反转的工作原理 (2) 了解互锁的概念，并能在控制电路设计中应用应知知识点
能力目标	(1) 绘制电气原理图、元器件布置图及安装接线图 (2) 按图接线 (3) 查找、排除故障

➤ 重难点提示

重　点	三相异步电动机双重互锁控制电路的工作原理
难　点	按接线原理图接成三相异步电动机双重互锁控制电路板；完成实际安装、接线、调试运行

➤ 项目导入

三相异步电动机的正反转运行控制在生产中应用最广泛，电动机正反转运行控制的原理及安装与维修技能是维修电工掌握机床电气控制的基础。通过三相异步电动机正反转控制电路来学习电动机的互锁控制电路。图 2.1 为三相异步电动机双重互锁正反转运行控制电路配电盘。

图2.1 三相异步电动机双重互锁正反转运行控制电路配电盘

任务一 行程开关

一、初步认识行程开关

图2.2为常见行程开关外形图。

(a) LX19系列   (b) LX5 系列   (c) LXW8系列微动开关

图2.2 常见行程开关外形图

依据生产机械的行程发出命令,以控制其运动方向和行程长短的主令电器称为行程开关。若将行程开关安装于生产机械行程的终点处,用以限制其行程,则称为限位开关或终端开关。

行程开关按动作原理分为机械结构的接触式有触点行程开关和电气结构的非接触式接近开关。机械结构的接触式行程开关是依靠移动机械上的撞块碰撞其可动部件使常开触头闭合、常闭触头断开来实现对电路控制的。当生产机械上的撞块离开可动部件时,行程开关复位,触头恢复其原来状态。

行程开关按其开关动作机构可分为直动式、滚动式和微动式3种。

直动式行程开关结构原理如图2.3所示,它的动作原理与控制按钮相同,但它的缺点是触头分合速度取决于生产机械的移动速度,当移动速度低于0.4m/min时,触头分段太慢,易受电弧烧蚀。

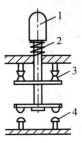

图 2.3 直动式行程开关

1—顶杆；2—复位弹簧；3—动触头；4—静触头

为此，应采用盘形弹簧瞬时动作的滚动式行程开关，如图 2.4 所示。

当滚轮 1 受到向左的外力作用时，上转臂 2 向左下方转动，推杆 4 向右转动，并压缩右边弹簧 10，同时下面的滚轮 5 也很快沿着擒纵件 6 向右滚动，小滚轮滚动又压缩弹簧 9，当滚轮 5 滚过擒纵件 6 的中点时，盘形弹簧 3 和弹簧 9 都使擒纵件迅速转动，从而使动触头迅速地与右边静触头分开，并与左边静触头闭合，减少了电弧对触头的烧蚀，适用于低速运转的机械。

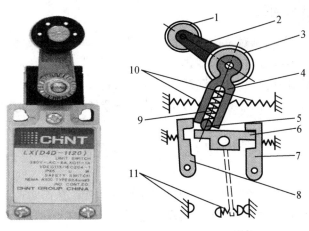

图 2.4 滚动式行程开关

1—滚轮；2—上转臂；3—盘形弹簧；4—推杆；5—小滚轮；6—擒纵件；
7、8—压板；9、10—弹簧；11—触头

微动式行程开关是具有瞬时动作和微小行程的灵敏开关。图 2.5 为 LX31 型微动开关结构示意图，当开关推杆 6 被机械作用压下时，弓簧片 2 产生变形，储存能量并产生位移，当外力失去后，推杆在弓簧片作用下迅速复位，触头恢复原来状态。由于采用瞬动结构，触头换接速度不受推杆压下速度影响。

常用的行程开关有 JLXK1、LX2、LX3、LX5、LX12、LX19A、LXW18、LX22、LX29、LX32 系列，微动开关有 LX31 系列和 JW 型。

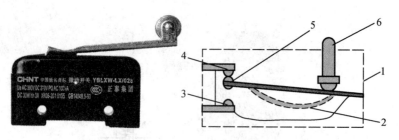

图 2.5 微动式行程开关

1—壳体；2—弓簧片；3—常开触点；4—常闭触点；5—动触点；6—推杆

二、行程开关的电气符号

图 2.6 为行程开关的电气符号。

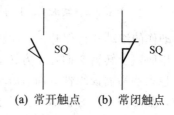

(a) 常开触点   (b) 常闭触点

图 2.6 行程开关的电气符号

三、行程开关的选用原则

(1) 根据应用场合及控制对象选择。
(2) 根据安装使用环境选择防护型式。
(3) 根据控制回路的电压和电流选择行程开关系列。
(4) 根据运动机械与行程开关的传力和位移关系选择行程开关的头部型式。

任务二　三相异步电动机正反转控制电路的工作原理

在生产实际中，许多生产机械要求电动机正反向运转，从而实现可逆运行，如机床中主轴的正向和反向运动，工作台的前后运动，起重机吊钩的上升和下降等。从电动机原理得知，改变电动机绕组的电源相序，就可以实现电动机方向的改变。在实际应用中，经常通过两个接触器改变电源相序来实现电动机正反转控制。

实际上，可逆运行控制电路是两个方向相反的单向运行控制电路的组合。但为了避免误操作引起电源相间短路，必须在这两个方向相反的单向运行控制电路中加装联锁机构。

下面介绍用两个接触器改变电源相序来实现电动机正反转控制的电路。

一、两个接触器自锁控制正反转电路的组成及工作原理

1. 电路组成

图 2.7 所示为只有三相交流异步电动机两个接触器控制正反转电路的组成。图 2.7 中，

KM1 和 KM2 分别为正、反转接触器，它们的主触点接线的相序不同，KM1 按 U-V-W 相序接线，KM2 按 V-U-W 相序接线，即将 U、V 两相对调，所以两个接触器分别工作时电动机的旋转方向不一样，可实现电动机的可逆运转。

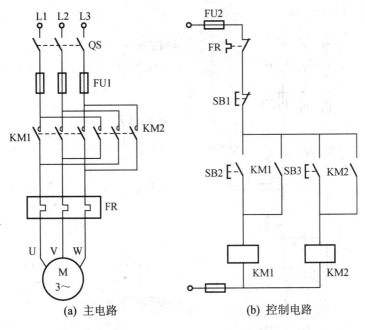

(a) 主电路　　　　　　(b) 控制电路

图 2.7　三相交流异步电动机两个接触器控制正反转控制电路

2. 工作原理的分析

图 2.7 所示控制电路虽然可以完成正、反转的控制任务，但这个线路是有缺点的，合上电源开关 QS，在按下正转按钮 SB2 时，KM1 线圈通电并且自锁，接通正序电源，电动机正转。在按下反转按钮 SB3 时，KM2 线圈通电并且自锁，接通逆序电源，电动机反转。若发生误操作，在按下正转按钮 SB2 后又按下反转按钮 SB3，KM2 线圈通电并自锁，此时主电路中将发生 U、V 两相电源短路事故。

二、接触器互锁正反转控制电路的组成及工作原理

1. 电路组成

为了避免误操作引起电源短路事故，要求保证图 2.7 中的两个接触器不能同时工作。因此正反向工作间需要有一种联锁关系。通常采用图 2.8 所示的电路，将其中一个接触器的常闭触点串入另一个接触器线圈电路中，则任一接触器线圈先带电后，即使按下相反方向的按钮，另一接触器也无法得电，这种联锁通常称为"互锁"，即二者存在相互制约的关系。

2. 工作原理的分析

合上电源开关 QS。按下正转起动按钮 SB2 时，正转接触器 KM1 线圈通电，主触点闭合，电动机正转，与此同时，由于 KM1 的动断辅助点断开而切断了反转接触器 KM2 的线圈电路。因此，即使按反转起动按钮 SB3，也不会使反转接触器的线圈通电工作。同理，

在反转接触器 KM2 动作后，也保证了正反转接触器 KM1 的线圈电路不能再工作。在正、反两个接触器中互串入一个对方的常闭触点，这对常闭触点称为互锁触点或联锁触点。由于这种联锁是依靠电气元器件来实现的，因此这种两个接触器在同一时间内只允许一个工作的作用叫电气联锁或互锁。

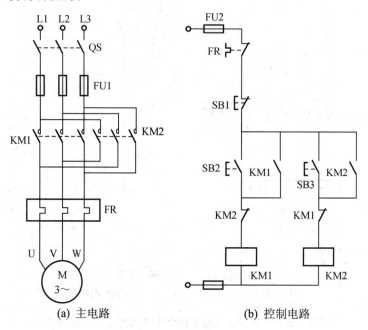

(a) 主电路   (b) 控制电路

图 2.8 三相交流异步电动机接触器互锁正反转控制电路

联锁控制的规律

规律一：当要求甲接触器工作时，乙接触器就不能工作，此时应在乙接触器的线圈电路中串入甲接触器的动断触点。

规律二：当要求甲接触器工作时，乙接触器就不能工作，而乙接触器工作时甲接触器也不能工作，此时要在两个接触器线圈电路中串入对方的动断触点。

图 2.8 所示的接触器联锁正、反转控制电路也有个缺点，在正转过程中要求反转时必须先按下停止按钮 SB1，让 KM1 线圈断电，互锁触点 KM1 闭合，这样才能按反转按钮使电动机反转，即只能实现电动机的"正—停—反"控制，这给操作带来了不方便。

三、双重联锁正、反转控制电路的组成及工作原理

1. 电路组成

为了解决图 2.8 中电动机从一个转向不能直接过渡到另一个转向的问题，在生产上常

采用复式按钮和触点联锁的双重控制电路，图 2.9 所示为三相异步电动机双重互锁正反转控制电路。

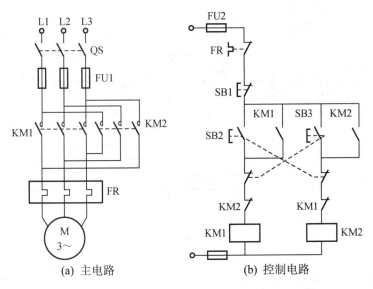

图 2.9 三相交流异步电动机双重互锁正反转控制电路

2. 工作原理的分析

在图 2.9 中，不仅由接触器的动断触点组成电气联锁，还添加了由复式按钮 SB2 和 SB3 的动断触点组成的机械联锁。这样，当电动机由正转变为反转时，只需按下反转按钮 SB2，便会通过 SB3 的动断触点断开 KM1 电路，KM1 起联锁作用的触点闭合，接通 KM2 线圈控制电路，实现电动机反转，即可以实现电动机的"正—反—停"控制。

需要强调的是，复式按钮不能替代联锁触点的作用。例如，当主电路中正转接触器 KM1 的触点发生熔焊(即静触点和动触点烧蚀在一起)现象时，由于相同的机械连接，KM1 的触点在线圈断电时不复位，KM1 的动断触点处于断开状态，可防止反转接触器 KM2 通电使主触点闭合而造成电源短路故障，这种保护作用仅采用复式按钮是做不到的。

这种线路既有"电气联锁"，又有"机械联锁"，故称为"双重联锁"。此种电路既能实现电动机直接正、反转的功能，又保证了电路可靠的工作，同时还提高了工作效率，在电力拖动控制系统中得到了广泛应用。

任务三 三相异步电动机正反转控制电路安装、接线及运行调试

一、元器件布置图和电气安装接线图的绘制

根据原理图绘制元器件布置图和电气安装接线图。电气安装接线图如图 2.10 所示。

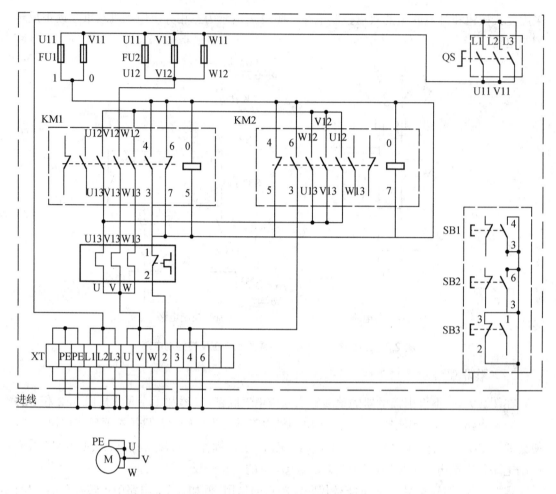

图 2.10　三相异步电动机正反转工作的控制电路安装接线图

二、训练工具、仪表及器材

(一) 安装前的准备

1. 训练工具、仪表及器材

(1) 工具：测试笔、螺钉旋具、斜口钳、尖嘴钳、剥线钳、电工刀等。

(2) 仪表：兆欧表、万用表。

2. 线材

(1) 控制板一块(包括所用的低压电器器件)。

(2) 导线及规格：主电路导线由电动机容量确定；控制电路一般采用截面面积为 1mm^2 的铜心导线(BV)；按钮线一般采用截面面积为 0.75mm^2 的铜心线(RV)；要求主电路与控制电路导线的颜色必须有明显的区别。

(3) 备好编码套管和扎带。

 你知道正反转控制电路中所需的低压电气控制元器件有哪些吗？与学习项目一任务一中所用的元器件相同吗？各种电气控制元器件的型号、技术参数如何？下面我们就来学习一下。

3. 元器件的选择

按照元器件的选用原则配齐所有电气元器件。所需元器件明细见表2-1。

表2-1 元器件明细表

代号	名称	型号	规格	单位	数量	单价	金额	用途	备注
M	三相异步电动机	Y132S-4	5.5kW、380V、11.6A、△接法、1440r/min	台	1				
QS									
FU1									
FU2									
KM									
SB									
XT									
	主电路导线								
	控制电路导线								
	按钮线								
	接地线								
	行线槽								
	配线板								

(二) 元器件检查

1. 外观检查

(1) 电气元器件的技术数据(如型号、规格、额定电压、额定电流)应完整并符合要求，外观无损伤。

(2) 电气元器件的电磁机构动作是否灵活，有无衔铁卡阻等不正常现象，用万用表检测电磁线圈的通断情况以及各触头的分合情况。

(3) 接触器的线圈电压和电源电压是否一致。

(4) 对电动机的质量进行常规检查(每相绕组的通断，相间绝缘，相对地绝缘)。

2. 万用表检查

(1) 万用表选择 $R\times100$ 或者 $R\times1k$ 挡，并进行欧姆调零。

(2) 将触头两两测量查找，未按下按钮时阻值为"∞"，而按下按钮时阻值为0的一对为常开触头；相反，不按下按钮时阻值为0，而按下按钮时阻值为"∞"的一对为常闭触头。

3．用兆欧表检测器件绝缘电阻

用兆欧表检测电气元器件及电动机的绝缘电阻等有关技术数据是否符合要求。

三、安装步骤及工艺要求

三相异步电动机正反转控制电路的安装按图 2.11 所示步骤进行安装。

图 2.11　三相异步电动机正反转控制电路安装步骤

1．元器件的安装

在控制板上按电器位置图或安装接线图安装电气元器件，工艺要求如下。

(1) 组合开关、熔断器的受电端子应安装在控制板的外侧。

(2) 每个元器件的安装位置应整齐、匀称、间距合理，便于布线及元器件的更换。

(3) 紧固各元器件时要用力均匀，紧固程度要适当。

2．布线

按接线图的走线方法进行板前明线布线和套编码套管，板前明线布线的工艺要求如下。

(1) 布线通道尽可能地少，同路并行导线按主电路、控制电路分类集中，单层密排，紧贴安装面布线。

(2) 同一平面的导线应高低一致或前后一致，不能交叉。非交叉不可时，应水平架空跨越，但必须走线合理。

(3) 布线应横平竖直，分布均匀。变换走向时应垂直。

(4) 布线时严禁损伤线心和导线绝缘。

(5) 在每根剥去绝缘层导线的两端套上编码套管。所有从一个接线端子(或接线桩)到另一个接线端子(或接线桩)的导线必须连接，中间无接头。

(6) 导线与接线端子或接线桩连接时，不得压绝缘层、不反圈及不露铜过长。

(7) 一个电气元器件接线端子上的连接导线不得多于两根。

(8) 根据电气接线图检查控制板布线是否正确。

(9) 安装电动机时要注意绕组的接法。

(10) 连接电动机和按钮金属外壳的保护接地线(若按钮为塑料外壳，则按钮外壳不需接地线)。

(11) 连接电源、电动机等控制板外部的导线。

3．自检

(1) 按电路原理图或电气接线图从电源端开始，逐段核对接线及接线端子处是否正确，有无漏接、错接之处。检查导线接点是否符合要求，压接是否牢固。接触应良好，以免带负载运行时产生闪弧现象。

(2) 用万用表检查线路的通断情况。检查时，应选用倍率适当的电阻挡，并进行校零，以防短路故障发生。对控制电路的检查(可断开主电路)，可将表笔分别搭在 U11、V11 线端上，读数应为"∞"。按下 SB 时，读数应为接触器线圈的电阻值，然后断开控制电路再检查主电路有无开路或短路现象，此时可用手动操作机构来代替接触器通电进行检查。

(3) 用兆欧表检查线路的绝缘电阻应不小于 0.5MΩ。

4. 调试

经指导教师检查无误后通电试车。

1) 空载调试

在不接电动机的情况下，合上电源开关，按下正转起动按钮 SB2，观察接触器 KM1 是否吸合，然后按下反转按钮 SB3，观察接触器 KM2 是否吸合，若正常，可带负载调试。

2) 带负载调试

在接上电动机的情况下，合上电源开关，按下正转起动按钮 SB2，观察电动机的运行情况，然后按下反转按钮 SB3，再观察电动机的运行情况。

通电完毕先拆除电源线，后拆除负载线。

四、考核

三相异步电动机正反转电气控制电路板制作考核要求及评分标准见表 2-2。

表 2-2　三相异步电动机正反转电气控制电路板制作考核要求及评分标准

测评内容	配分	评分标准		操作时间	扣分	得分
绘制电气元器件布置图	10	绘制不正确	每处扣 2 分	20min		
安装元器件	20	1. 不按图安装 2. 元器件安装不牢固 3. 元器件安装不整齐、不合理 4. 损坏元器件	扣 5 分 每处扣 2 分 每处扣 2 分 扣 10 分	20min		
布线	50	1. 导线截面选择不正确 2. 不按图接线 3. 布线不合要求 4. 接点松动，露铜过长，螺钉压绝缘层等 5. 损坏导线绝缘或线芯 6. 漏接接地线	扣 5 分 扣 10 分 每处扣 2 分 每处扣 1 分 每处扣 2 分 扣 5 分	60min		
通电试车	20	1. 第一次试车不成功 2. 第二次试车不成功 3. 第三次试车不成功	扣 5 分 扣 5 分 扣 5 分	20min		
安全文明操作		违反安全生产规程	扣 5～20 分			
定额时间 (3h)	开始时间 （　　） 结束时间 （　　）	每超时 2min 扣 5 分				
合计总分						

三相异步电动机正反转电气控制电路板电气控制电路的故障检修评分标准见表2-3。

表2-3　评分标准

项目内容	配分	评分标准		扣分
故障分析	40	1. 不能根据试车的状况说出故障现象	扣5~10分	
		2. 不能标出最小故障范围	每个故障扣10分	
故障排除	60	断电不能检验元器件的好坏	扣5分	
		测量仪表、工具使用不正确	每次扣5分	
		检测故障方法、步骤不正确	扣10分	
		不能查出故障	每个故障扣20分	
		查出故障但不能排除	每个故障扣15分	
		损坏元器件	扣40分	
		扩大故障范围或产生新的故障	每个故障扣40分	
安全文明生产	倒扣	违反安全文明生产规程，未清理场地	扣10~60分	
定额时间	30min	开始时间　　　　　结束时间		实际时间
备注		1. 不允许超时检修故障，但在修复故障时每超时1min扣2分 2. 除定额工时外，各项内容的最高扣分不得超过配分		成绩

知识拓展

自动往复循环正反转控制电路的工作原理

前面分析的双重联锁正、反转控制电路虽然线路安全可靠，但电动机正反转控制时从正转到反转或从反转到正转都是通过手动操作完成的。

在生产中，某些机床的工作台需要进行自动往复运行，而自动往复运行通常是利用行程开关来控制自动往复运动，并由此来控制电动机的正反转或电磁阀的通断电，从而实现生产机械的自动往复。

图2.12为机床工作台自动往复运动示意图。

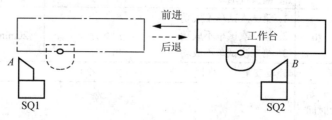

图2.12　机床工作台自动往复运动示意图

在床身两端固定有行程开关SQ1、SQ2，用来表明加工的起点与终点。在工作台上安有撞块A和B，其随运动部件工作台一起移动，分别压下开关SQ2、SQ1来改变控制电路状态，实现电动机的正反向运转，拖动工作台实现工作台的自动往复运动。

图 2.13 为机床工作台自动往复循环控制电路。

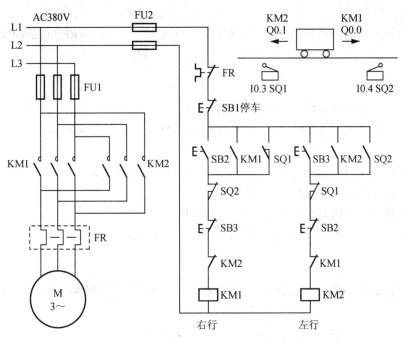

图 2.13　机床工作台自动往复循环控制电路

图中 SQ1 为反向转正向行程开关，SQ2 为正向转反向行程开关，电路工作原理：合上主电路与控制电路电源开关，按下正转起动按钮 SB2，KM1 线圈通电并自锁，电动机正转起动旋转，拖动工作台前进向右移动，当移动到位时，撞块 B 压下 SQ2，其常闭触头断开，常开触头闭合，前者使 KM1 线圈断电，后者使 KM2 线圈通电并自锁，电动机由正转变为反转，拖动工作台由前进变为后退，工作台向左移动。后退到位时，撞块 A 压下 SQ1，使 KM2 断电，KM1 通电，电动机由反转变为正转，拖动工作台变后退为前进，如此周而复始地实现自动往返工作。当按下停止按钮 SB1 时，电动机停止，工作台停下。

项　目　小　结

本项目主要介绍了相关低压电器即行程开关、三相异步电动机正反转控制电路的工作原理及控制板的制作布骤和工艺要求，电气互锁和机械互锁的概念。

习　　题

一、选择题

1. 行程开关是主令电器的一种，它是(　　)电器。

 A. 手动　　　　　　B. 自动　　　　　　C. 保护　　　　　　D. 控制和保护

2. 刀开关在接线时，应将(　　)接在刀开关上端，(　　)接在下端。

    A. 电动机定子　　　B. 转子　　　　　C. 电源进线　　　　D. 负载

3. 转换开关可作为直接控制(　　)容量异步电动机(　　)起动和停止的控制开关。

    A. 大　　　　　　　B. 小　　　　　　C. 不频繁　　　　　D. 频繁

二、简答题

1. 为什么电动机要设零电压和欠电压保护？

2. 在电动机的主电路中，既然装有熔断器，为什么还要装热继电器？它们各起什么作用？

3. 行程开关主要由哪几部分组成？它怎样控制生产机械行程？

4. 按钮和行程开关有何异同？

5. 接近开关与行程开关一样吗？试说明接近开关的工作原理。

6. 什么是电气互锁？什么是机械互锁？互锁与自锁有何区别？

三、改错题

图 2.14 所示为三相异步电动机正反转控制电路，试改正图中错误(画出改正后的电路图)。

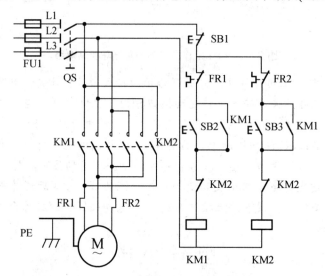

图 2.14　三相异步电动机正反转控制电路

项目三

三相异步电动机降压起动控制电路板的制作

本项目首先明确三相异步电动机降压起动控制电路板的制作的学习任务，接着学习本任务所涉及的相关器件和三相异步电动机降压起动控制电路的工作原理，然后进行电气系统图的绘制、元器件选择、安装及布线，最后进行控制板的检查与调试。通过本项目的学习应该达到的学习目标如下。

项目目标

知识目标	(1) 了解时间继电器的工作原理、结构参数和选择及其图形符号、文字符号 (2) 降压起动类型、保护环节以及电器控制电路的操作方法 (3) 了解三相异步电动机降压起动的控制原理及控制电路的工作原理、元器件组成
能力目标	(1) 能绘制三相异步电动机 Y-△ 降压起动控制的原理图、元器件布置图和安装接线图 (2) 能够制作电路的安装工艺计划 (3) 具有典型设备的安装与调试的能力 (4) 会用万用表对线路进行故障判断，能做通电试验

重难点提示

重　　点	定子绕组串电阻降压起动，Y-△ 降压起动，自耦变压器降压起动和延边三角形降压起动控制电路的控制原理
难　　点	按接线原理图接成三相笼型异步电动机三接触器式 Y-△ 降压起动控制电路；完成实际安装、接线、调试运行

项目导入

大型生产机械，当电动机容量较大，不允许采用全压直接起动时，应采用减压起动。有时为了减小或限制起动时对机械设备的冲击，即便是允许采用直接起动的电动机，也往往采用减压起动。当三相异步电动机容量较大(10kW)时，起动时会产生较大的起动电流，将引起电网电压的下降,因此必须采取降压起动的方法,限制起动电流。图 3.1 是三相笼型异步电动机降压起动的控制盘。

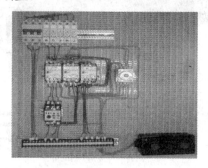

图 3.1 三相笼型异步电动机降压起动的控制盘

任务一 初步认识时间继电器

图 3.2 为时间继电器外形。

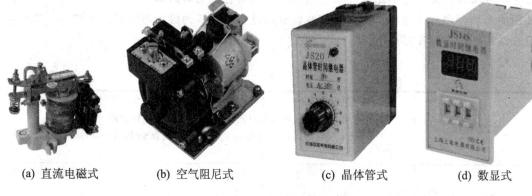

(a) 直流电磁式   (b) 空气阻尼式   (c) 晶体管式   (d) 数显式

图 3.2 几种时间继电器外形

在电力拖动控制系统中,不仅需要动作迅速的继电器,也需要一定延时动作的继电器。要想实现降压起动控制,当按照时间原则进行控制时离不开时间继电器。

继电器感测部分在感受外界信号后,经过一段时间才能使执行部分动作的继电器,叫做时间继电器。

时间继电器是一种根据电磁原理和机械动作原理来实现触点系统延时接通或断开的自动切换电器。

时间继电器的种类很多,按照动作原理与结构分为电磁式、空气阻尼式、电动式和电子式等,按延时方式分为通电延时型和断电延时型。

一、时间继电器的结构组成及工作原理

1. 直流电磁式时间继电器

直流电磁式时间继电器是利用电磁线圈断电后磁通延缓变化的原理而工作的。为达到延时目的,常在继电器电磁系统中增设阻尼圈。在直流电磁式电压继电器的铁心上增加一

个阻尼铜套，构成直流电磁式时间继电器。当线圈通电时，因磁路中的气隙大、磁阻大、磁通小，阻尼铜套的作用不明显，其固有动作时间约为 0.2s，相当于瞬间动作。而当线圈断电时，磁通变化量大，阻尼铜套的作用显著，使衔铁延时释放，从而实现延时作用。这种时间继电器的延时时间长短是通过改变铁心与衔铁间非磁性垫片的厚度(粗调)或改变释放弹簧的松紧(细调)来调节的。垫片越厚延时越短，反之越长；而弹簧越紧则延时越短，反之越长。因非导磁性垫片的厚度一般为 0.1mm、0.2mm、0.3mm，具有阶梯性，故用于粗调，由于弹簧松紧可连续调节，故用于细调。

延时的长短由磁通衰弱速度决定，它取决于阻尼圈的时间常数 L/R。因此为了获得较大的延时，总是设法使阻尼圈的电感尽可能大，电阻尽可能小。对要求延时达到 3s 的继电器，采用在铁心上套铝管的方法；对要求延时达到 5s 的继电器，则采用铜管。为了扩大延时范围，还可采用释放时将线圈短接的方法。此时，为防止电源短路，应在线圈回路中串一电阻 R，由于工作线圈也参与阻尼作用，故其延时可进一步加长。

改变安装在衔铁上的非磁性垫片的厚度及反力弹簧的松紧程度，也可调节延时的长短。

(1) 改变非磁性垫片厚度来调节延时。当垫片厚度 $\Delta_2 > \Delta_1$ 时，衔铁闭合后的气隙加大，闭合后的磁通稳定，由于磁路在正常工作时已趋近饱和，所以变化不大。但气隙改变后，使剩磁通变化较快，如图 3.3 所示。

若此时反作用弹簧不变，释放磁通仍为 Φ_r，由图 3.3 可知，在不同厚度垫片下，磁通由吸合的 Φ_w 下降到同一释放磁通 Φ_r 的时间 $t_2 < t_1$，获得了不同的延时。垫片厚时延时短，垫片薄时延时长。但要得到较长的延时受到限制，因为垫片太薄在使用中容易损坏，并因之使得衔铁不能释放。一般采用厚度为 0.1mm、0.2mm、0.3mm 的铜片制成垫片。

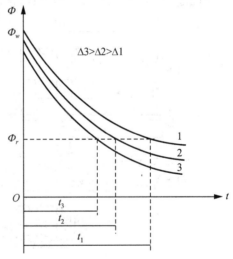

图 3.3　不同厚度非磁性垫片对延时的影响

(2) 调整反作用弹簧的反力大小改变延时。改变反作用弹簧的反力也就改变磁通 Φ_r 的大小。对于同一非磁性垫片，当 Φ_r 改变时，由 Φ_w 衰弱到 Φ_r 的时间显然不同。释放弹簧调得愈紧，反力愈大，释放磁通也愈大，则延时将愈小。但是，弹簧的调整范围是有限的，况且将释放弹簧调得太松，有可能使剩磁通大于释放磁通，以致衔铁不能释放，所以最大可调延时是有限度的。

磁式时间继电器具有结构简单、运行可靠、寿命长、允许通电次数多等优点，但也存在下列缺点。

(1) 仅适用于直流电路，若用于交流电路需加整流装置。

(2) 仅能在断电时获得延时，而继电器通电时，其固有动作时间约为 0.2s，可以说是瞬动的，这就限制了它的应用。

(3) 延时时间较短，延时精度不高，体积大。

常用的直流电磁式时间继电器有 JT3 和 JT18 系列。

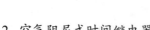

2. 空气阻尼式时间继电器

空气阻尼式时间继电器如图 3.4 所示。

图 3.4　JS7 系列空气阻尼式时间继电器外形

空气阻尼式时间继电器也称气囊式时间继电器，是利用空气阻尼原理获得延时的。空气阻尼式时间继电器由电磁机构、延时机构、触点系统 3 部分组成。空气阻尼式时间继电器有通电延时型和断电延时型两种，其电磁机构可以是交流的，也可以是直流的。

图 3.5 为 JS7-A 系列时间继电器的结构示意图。

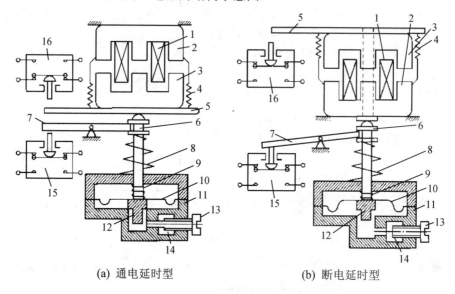

(a) 通电延时型　　　　　　　　　　(b) 断电延时型

图 3.5　JS7-A 系列时间继电器的结构示意图

1—线圈；2—铁心；3—衔铁；4—复位弹簧；5—推板；6—活塞杆；7—杠杆；8—塔形弹簧；
9—弱弹簧；10—橡皮膜；11—空气室壁；12—活塞；13—调节螺杆；14—进气孔；15、16—微动开关

图 3.5(a)为通电延时型时间继电器，当线圈 1 通电后，铁心 2 将衔铁 3 吸合，同时推板 5 使微动开关 16 立即动作。活塞杆 6 在塔形弹簧 8 的作用下，带动活塞 12 及橡皮膜 10 向上移动，由于橡皮膜下方气室的空气稀薄，形成负压，因此活塞杆 6 不能迅猛上移。当空气由进气孔 14 进入时，活塞杆 6 才逐渐上移，当到达最上端时，杠杆 7 才使微动开关 15 动作。延时时间为自电磁铁吸合线圈 1 通电时刻起到微动开关 15 动作为止的这段时间。通过调节螺杆 13 改变进气孔的大小，就可调节延时时间。

当线圈 1 断电时，衔铁 3 在复位弹簧 4 的作用下将活塞 12 推向最下端。因活塞被往下推时，橡皮膜下方气室内的空气，都通过橡皮膜 10、弱弹簧 9 和活塞 12 肩部形成的单向阀，经空气室缝隙顺利排掉，因此延时与不延时的微动开关 15 与 16 都能迅速复位。

将电磁机构翻转 180°安装后，可得到图 3.5(b)所示的断电延时型时间继电器。它的工作原理与通电延时型相似，微动开关 15 是在吸合线圈 1 断电后延时动作的。

图 3.6 为 JS23 系列时间继电器的结构组成及工作原理图。

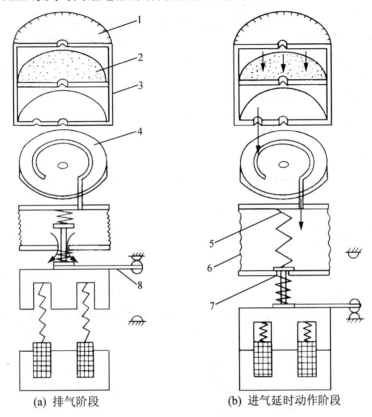

(a) 排气阶段 　　　　　　(b) 进气延时动作阶段

图 3.6　JS23 系列时间继电器的结构组成及工作原理图

1—钮牌；2—滤气片；3—调时旋钮；4—延时片；5—动作弹簧；
6—波纹状气囊；7—阀门弹簧；8—阀杆

以 JS23 系列时间继电器为例，它由一个具有 4 个瞬动触点的中间继电器为主体，加上一个延时机构组成。延时机构包括波纹状气囊、排气阀门、具有细长环形槽的延时片、调时旋钮及动作弹簧等。图 3.6 为通电延时型时间继电器构造图，其中图 3.6(a)为电磁线圈处于断电状态，衔铁释放，阀杆 8 上移，压缩波纹状气囊 6 与阀门弹簧 7，使阀门打开，推进气囊内空气，为通电延时做准备。当继电器线圈通电后，衔铁被吸，松开阀杆，阀门弹簧复原，阀门被关闭，气囊在动作弹簧 5 的作用下有伸长的趋势。此时外界空气在气囊内外压力差的作用下经过滤气片 2，通过延时片的延时环形槽渐渐进入气囊，当气囊伸长到能触动脱扣机构时，延时触点动作。从继电器线圈通电至延时触点动作的这段时间即为延时时间。

转动调时旋钮 3 可改变空气流经延时片上环形槽的长度，从而改变了延时时间，这种结构称为平面圆盘可调空气通道延时机构，调时触点动作这段时间即为延时时间。

转动调整旋钮 3 可做成通电延时型与断电延时型,其结构简单,延时范围大,不受电源电压及频率波动的影响,价格较低,但延时精度较低,一般适用于延时精度不高的场合。

空气阻尼式时间继电器的结构简单、寿命长、价格低,还有不延时的触点,但准确度低。延时误差大,一般用于延时精度要求不高的场合。

空气阻尼式时间继电器型号为 JS7-A 系列,A 表示改造型产品,体积小。JS7-A 系列空气阻尼式时间继电器的有关技术数据见表 3-1。

表 3-1 JS7-A 系列空气阻尼式时间继电器的有关技术数据

型号	瞬时动作触头		有延时的触头			
			通电延时		断电延时	
	常开	常闭	常开	常闭	常开	常闭
JS7-1A	—	—	1	1	—	—
JS7-2A	1	1	1	1	—	—
JS7-3A	—	—	—	—	1	1
JS7-4A	1	1	—	—	1	1

3. 电动式时间继电器

电动式时间继电器是由微型同步电动机拖动减速机构,经机械机构获得触点延时动作的时间继电器,常用的有 JS11 系列。

JS11 系列电动式时间继电器由微型同步电动机、离合电磁铁、减速齿轮组、差动轮系、复位游丝、触点系统、脱扣机构和延时整定装置等部分组成。它具有通电延时型与断电延时型两种,这里所指的通电与断电是在微型同步电动机接通电源之后,离合电磁铁线圈的通电与断电。图 3.7 为 JS11 系列通电延时型电动式时间继电器结构示意图。

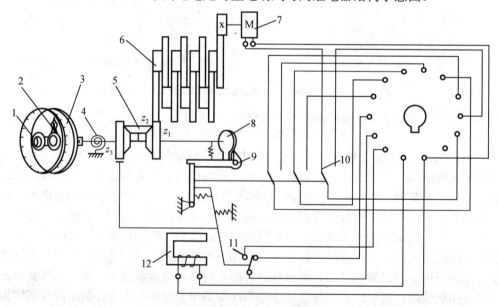

图 3.7 JS11 系列通电延时型电动式时间继电器结构示意图

1—延时调整处;2—指针;3—刻度盘;4—复位游丝;5—差动轮系;6—减速齿轮;7—同步电动机;
8—凸轮;9—脱扣机构;10—延时触点;11—瞬动触点;12—离合电磁铁

当同步电动机接通电源后，经减速齿轮 z_2、z_3 绕轴空转，但轴并不转动。若需延时，接通离合电磁铁线圈电路，使离合电磁铁动作，将齿轮 z_3 刹住。这样齿轮 z_2 在继续转动的过程中，还同时沿着齿轮 z_3 的伞形齿，以轴为圆心同轴一起作圆周运动，一旦固定在轴上的凸轮随轴转动到适当位置，即预选延时的位置时，将推动脱扣机构，使延时触点动作，并用一常闭触点来切断同步电动机电源。当需继电器复位时，可将离合电磁铁的线圈电源切断，这时所有机构将在复位游丝作用下返回动作前的状态，为下次延时做准备。

延时长短可通过改变整定装置中的定位指针来调整，对于通电延时型时间继电器应在离合电磁铁线圈断电情况下进行。

由于应用机械延时原理，所以电动式时间继电器延时范围宽，以 JS11 系列为例，其延时可在 0～72h 范围内调整，而且延时的整定偏差和重复偏差较小，一般在最大整定值的 ±1% 之内。

同其他类型的时间继电器相比，电动式时间继电器具有延时值不受电源电压波动及环境温度变化的影响，延时范围大、延时直观等优点。其主要缺点有机械结构复杂，成本高，不适宜频繁操作，延时误差受电源频率影响等。

常用的有 JS11 系列及引进德国的 7PR 系列等。表 3-2 列出了 JS11 系列电动式时间继电器的主要技术数据。

表 3-2　JS11 系列电动式时间继电器的主要技术数据

线圈额定电压/V		AC110、220、380					
触点通断能力		AC380V 时，接通 3A，分断 0.3A，长期工作电流 5A					
触点组合	型号	延时动作触点数量				瞬动触点数量	
		通电延时		断电延时			
		常开	常闭	常开	常闭	常开	常闭
	JS11-1	3	2	—	—	1	1
	JS11-2	—	—	3	2	1	1
延时范围		JS11-1：0～8s；JS11-2：0～40s；JS11-3：0～4min；JS11-4：0～20min；JS11-5：0～3h；JS11-6：0～12min；JS11-7：0～72h					
操作频率/(次/h)		1200					
误差		≤±1%					

4. 电子式时间继电器

图 3.8 是电子式时间继电器的外形图。

图 3.8　电子式时间继电器的外形图

电子式时间继电器按延时原理分为晶体管式时间继电器和数字式时间继电器，多用于电力传动、自动顺序控制及各种顺序控系统中，具有延时范围宽、精度高、体积小、工作可靠等优点，随着电子技术的飞速发展，其应用必将日益广泛。

1) 晶体管式时间继电器

晶体管式时间继电器是利用电容对电压的阻尼作用来实现延时的。其中 JS20 系列电子式时间继电器可分为单结晶体管电路及场效应晶体管电路两种。图 3.9 为采用场效应管做成的通电延时型电路图，它由稳压电源、RC 充放电电路、电压鉴别电路、输出电路和指示电路等部分组成。

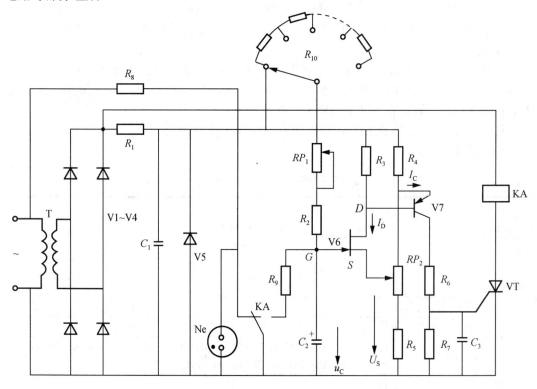

图 3.9　JS20 系列场效应晶体管时间继电器电路图

电路工作原理：在刚接通电源时，电容器 C_2 尚未充电，此时 $u_C=0$，而 N 沟道结型场效应管 V6 的栅片与源极之间电压 $U_{GS}=-U_S$。此后，由 V5 提供的稳压电压通过波段开关选择的串联电阻 R_{10}、RP_1、R_2 向 C_2 充电，电容 C_2 上的电压由零按指数规律上升，此时负栅偏压值逐渐减小。但只要 U_{GS} 的绝对值还大于场效应管的夹断电压 U_P 的绝对值，即 $|u_C-U_S|>|U_P|$，场效应管 V6 就不会导通。直至 u_C 上升到 $|u_C-U_S|<U_P$ 时，晶体管 V7 开始导通，由于 I_D 在 R_3 上产生电压降，D 点电位开始下降，一旦 D 点电位降低到 V7 的发射极电位以下时，V7 将导通。V7 的集电极电流 I_C 在 R_4 上产生压降，使场效应管 U_S 降低，即使负栅极偏压越来越小。所以对于 V6 来说，R_4 起正反馈作用。这样，晶体管 V7 迅速地由截止变为导通，并触发晶闸管 VT 使它导通，同时使继电器 KA 动作。综上可知，从时间继电器接通电源 C_2 开始被充电到 KA 动作为止的这段时间即为通电时间动作时间。KA 动作后 C_2 经 KA 常开触点对电阻 R_9 放电，同时氖泡 Ne 起辉，并使场效应管 V6 和晶体管 V7 都截止，

为下次工作做准备。此时晶闸管 VT 仍保持导通，除非切断电源，使电路恢复到原来状态，继电器 KA 才释放。

JS20 系列电子式时间继电器产品齐全，延时时间长，线路较简单，延时调节方便，温度补偿性能好，电容利用率高，用 100μF 的电容可获得 1h 的延时，性能也较稳定，延时误差小，触点容量较大。但也存在延时易受温度与电源波动的影响，抗干扰性差，修理不便，价格较高等缺点。另外还有 JSS 系列数字式时间继电器以及引进的 ST3P 系列电子式时间继电器与 SCF 系列高精度电子式时间继电器等。

2) 数字时间继电器

有通电延时、断电延时、定时吸合、循环延时等功能。数字式时间继电器较晶体管式时间继电器来说，延时范围可成倍增加，调节精度可提高两个数量级以上，控制功率和体积更小，适用于各种需要精确延时的场合以及各种自动化控制电路中。这种时间继电器功能多、延时形式多和范围广，这是晶体管式时间继电器不可比拟的。

二、时间继电器的图形符号和文字符号

时间继电器的图形符号和文字符号如图 3.10 所示。

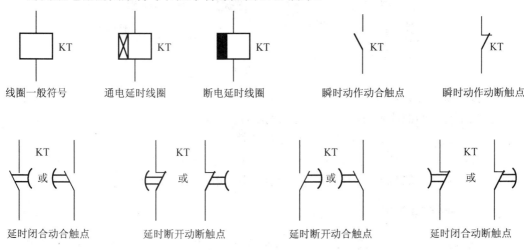

图 3.10　时间继电器的图形符号和文字符号

三、时间继电器检测

安装前的检测包括不带电检测和带电检测两项。

(1) 用万用表不带电测试时间继电器的线圈电阻、常开触头、常闭触头。

(2) 线圈电阻正常时，根据时间继电器线圈的额定电压值，按图 3.11 连接好测试线路，带电测试延时时间，观察触头动作情况。注意按照时间继电器要求的线圈电压在 1 和 2 之间加上合适的电压。如本项目中所用的时间继电器是 AC380V，所以端子 1 和 2 分别与 L1、L2 相连接。

(3) 安装接线端的识别。观察时间继电器上面的接线示意图如图 3.12 所示，②和⑦为电压输入端，①和④、⑤和⑧为常闭触头，①

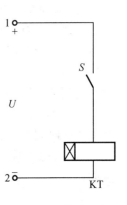

图 3.11　检测电路

和③、⑧和⑥为常开触头。接线完毕，然后将时间继电器插入底座。

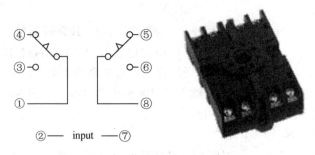

图 3.12　电器接线示意图

(4) 时间整定(例如调整整定时间为 15s)。时间继电器的时间范围调整如图 3.13 所示。

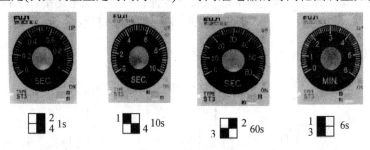

图 3.13　时间继电器的时间范围调整

① 拔出旋钮开关端盖。

② 取下正反两面印有时间刻度的时间刻度片。

③ 按照图 3.13 对应时间范围调整两个白色拨码开关位置。

④ 将满量程 60s 的刻度片放在最上面，盖好旋钮开关的端盖。

⑤ 调整整定时间为 15s，旋转端盖使红色刻度线对应 15s。

四、时间继电器的选择

(1) 时间继电器延时方式有通电延时型和断电延时型两种，因此选用时确定采用哪种延时方式更方便组成控制电路。

(2) 凡对延时精度要求不高的场合，一般采用价格较低的直流电磁式或空气阻尼式时间继电器；若对延时精度要求很高，则采用电动式或电子式时间继电器。

(3) 应注意电源参数变化的影响。如在电源波动较大的场合，采用空气阻尼式或直流电磁式时间继电器比采用电子式时间继电器好；而在电源波动较大的场合，则不宜采用电动式时间继电器。

(4) 应注意环境温度变化的影响。通常在环境温度变化较大处，不宜采用空气阻尼式和电子式时间继电器。

(5) 对操作频率也要加以注意。因为操作频率过高会影响电气寿命，还可能导致延时误动作。

五、时间继电器的常见故障分析

下面以空气阻尼式时间继电器为例对其常见故障进行分析，见表 3-3。

表 3-3 空气阻尼式时间继电器的常见故障

故障现象	产生原因	修理方法
延时触头不动作	1. 电磁铁线圈断线 2. 电源电压低于线圈额定电压很多	1. 更换线圈 2. 更换线圈或调高电源电压
延时时间缩短	1. 空气阻尼式时间继电器的气室装备不严，漏气 2. 空气阻尼式时间继电器的气室薄膜损坏	1. 修理或更换气室 2. 调换橡胶薄膜
延时时间变长	空气阻尼式时间继电器的气室有灰尘，使气道阻塞	清除气室内灰尘，使气道通畅

任务二 三相异步电动机降压起动控制电路的工作原理

在机床电气控制设备中电动机为什么要采取降压起动的控制方式？

三相笼型感应电动机采用全电压起动，控制电路简单，但当电动机容量较大，不允许采用全压直接起动时，应采用减压起动。有时为了减小或限制起动对机械设备的冲击，即便是允许采用直接起动的电动机，也往往采用减压起动。

当三相异步电动机容量较大(10kW)时，起动时会产生较大的起动电流，引起电网电压的下降，因此必须采取降压起动的方法，限制起动电流。

所谓降压起动是利用起动设备将电压适当降低后加到电动机的定子绕组上进行起动，待电动机起动运转后，再使电压恢复到额定值正常运行。由于电流随电压的降低而减小，从而限制了起动电流。不过，由于电动机的转矩与电压平方成正比，故电动机起动转矩也会降低。

因此，降压起动适用于空载或轻载下起动。

三相异步电动机降压起动有哪几种方式？分别是如何控制的？

三相笼型感应电动机减压起动的方法有：定子串电阻或电抗器减压起动、自耦变压器减压起动、Y-△减压起动、延边三角形减压起动等。尽管方法各异，但目的都是为了研究电动机起动电流减小，供电线路因电动机起动引起的电压降。当电动机转速上升到额定转速时，再将电动机定子绕组电压恢复到额定电压，电动机进入正常运行。下面讨论几种常用的减压起动控制电路。

一、三相异步电动机定子绕组串电阻降压起动控制电路工作原理

1. 定子绕组串电阻降压起动的控制原理

起动电阻一般采用由电阻丝绕制的板式电阻或铸铁电阻，它的阻值小、功率大，允许

通过较大的电流。图为 3.14 起动电阻外形。

三相笼型感应电动定子绕组串电阻起动，在起动时使绕组电压降低，从而减小起动电流。待电动机转速接近额定转速时，再将串接电阻短接，使电动机在额定电压下运行。这种起动方式由于不受电动机接线型式的限制，设备简单、经济，故获得广泛应用。对于作点动控制的电动机，也常用串电阻降压方式来限制电动机的起动电流。

2. 线路的工作原理

图 3.14　起动电阻外形

图 3.15(b)为定子绕组串电阻降压起动的控制电路。该电路利用时间继电器控制降压电阻的切除。时间继电器的延时时间按起动过程所需时间整定。当合上刀开关 QS，按下起动按钮 SB2 时，KM1 立即通电吸合，使电动机在串接定子电阻的情况下起动，与此同时，时间继电器 KT 通电开始计时，当达到时间继电器的整定值时，其延时闭合的动合触点闭合，使 KM2 线圈通电，KM2 的主触点闭合，将起动电阻短接，电动机在额定电压下进入稳定的正常转状态。

由图 3.15(b)可以看出，线路在起动结束后，KM1、KT 线圈一直通电，这不仅消耗电能，而且减少电器的使用寿命，这是不必要的。图 3.15(c)是在控制电路图上进行改进得到的。方法是：在接触器 KM1 和时间继电器 KT 的线圈电路中串入 KM2 的动断触点，KM2 有自锁触点，如图 3.15(c)所示。这样当 KM2 线圈触点通电时，其动断触点断开使 KM1、KT 线圈断电。

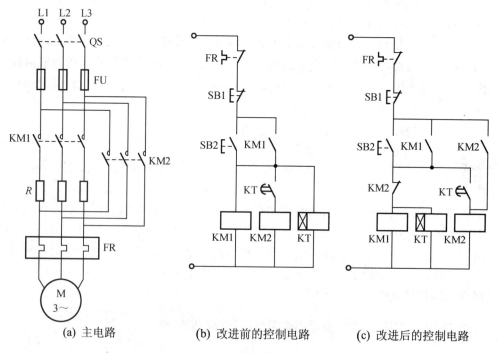

(a) 主电路　　　　(b) 改进前的控制电路　　　(c) 改进后的控制电路

图 3.15　三相笼型异步电动机定子绕组串电阻降压起动控制电路

定子所串电阻一般采用由电阻丝绕制的板式电阻或铸铁电阻，它的阻值小、功率大，允许通过较大的电流。由于起动电阻只在起动时应用，而起动时间又很短，所以实际选用的电阻功率可以为计算值的 1/4～1/3。

定子串电阻降压起动的方法虽然设备简单，但能量损耗较大。为了节省能量可采用电抗器代替电阻，但其成本较高，它的控制电路与电动机定子串电阻的控制电路相同。

二、三相笼型异步电动机星形—三角形降压起动控制电路工作原理

三相笼型异步电动机 Y-△ 降压起动控制电路的工作原理如何？

对于正常运行时定子绕组接成三角形的三相笼形电动机，可采用星形—三角形降压起动方法达到限制起动电流的目的。

Y 系列的笼形异步电动机 4kW 以上的均为三角形连接，都可采用星角起动的方法。

1. Y-△ 降压起动的控制原理

在起动时，先将电动机的定子绕组接成星形，使电动机每相绕组承受的电压为电源的相电压，是额定电压的 $1/\sqrt{3}$，起动电流是三角形直接起动的 1/3；当转速上升到接近额定转速时，再将定子绕组的接线方式改接成三角形，电动机就进入全电压正常运行状态。

Y-△ 切换控制方法和原理如图 3.16 及图 3.17 所示。

在起动时，电动机绕组接成 Y 接，正常运行时再改成 △ 接，达到了降压起动的目的。

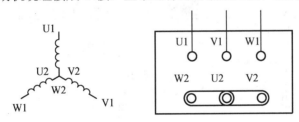

(a) 电动机定子绕组Y接

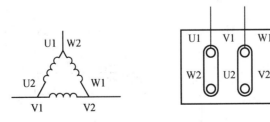

(b) 电动机定子绕组△接

图 3.16　Y-△切换控制方法

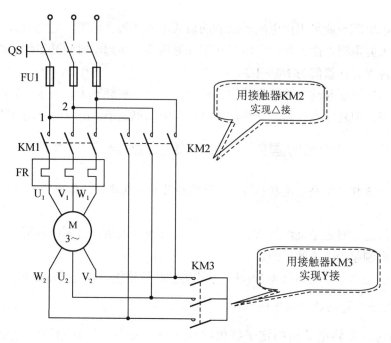

图 3.17　Y-△切换控制原理

2. 三接触器式星形—三角形降压起动控制电路工作原理

三接触器式星形—三角形降压起动的控制电路如图 3.18 所示。图中 UU′、VV′、WW′为电动机的三相绕阻，当 KM3 的常开触点闭合，KM2 的常开触点断开时，相当于 U′、V′、W′ 连接在一起，为星形连接；当 KM3 的常开触点断开，KM2 的常开触点闭合时，相当于 U 与 V′、V 与 W′、W 与 U′ 连接在一起，三相绕组头尾连接，为三角形连接。

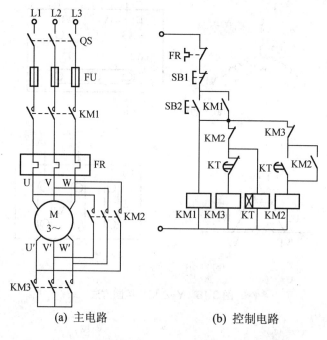

(a) 主电路　　　　　　　　(b) 控制电路

图 3.18　三接触器式星形—三角形降压起动的控制电路

线路的工作原理分析：当合上刀开关 QS 以后，按下起动按钮 SB2，接触器 KM1 线圈、KM3 线圈以及通电延时型时间继电器 KT 线圈通电，电动机接成星形起动；同时通过 KM1 的常开辅助触点自锁。时间继电器开始定时。当电动机接近于额定转速，即时间继电器 KT 延时时间已到，KT 延时断开的常闭触点断开，切断 KM3 线圈电路，KM3 断电释放，其主触点闭合和辅助触点复位。同时，KT 延时闭合的常开触点闭合，使 KM2 线圈通电自锁，KM2 主触点闭合，电动机连接成三角形运行。时间继电器 KT 线圈也因 KM2 常闭触点断开而失电，时间继电器的触点复位，为下一次起动做好准备。图中的 KM2、KM3 常闭触点是联锁控制，防止 KM2、KM3 线圈同时通电而造成电源短路。

图 3.18 所示的控制电路适用于电动机容量较大(一般为 13kW 以上)的场合。当电动机的容量较小(4～13kW)时，通常采用两个接触器的星形—三角形降压起动控制电路。

3. 两接触器式星形—三角形降压起动控制电路工作原理

两接触器式星形—三角形降压起动控制电路如图 3.19 所示。

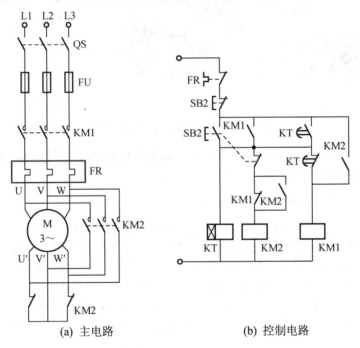

(a) 主电路　　　　　(b) 控制电路

图 3.19　两接触器式星形—三角形降压起动控制电路

线路的工作原理分析：按下起动按钮 SB2，时间继电器 KT 和接触器 KM1 线圈通电，利用 KM1 的辅助常开触点自锁，主触点接通主电路，时间继电器开始延时，而 KM2 线圈因 SB2 常闭触点和 KM1 常闭触点的相继断开而始终不通电，KM2 的常闭触点闭合，电动机接成星形起动。当电动机的转速接近额定转速，即时间继电器延时时间已到，其延时打开的常闭触点断开，KM1 线圈断电，电动机瞬时断电。KM1 的常闭触点及 KT 的延时常开触点闭合，接通 KM2 的线圈电路，KM2 通电动作并自锁，主电路中的常闭辅助触点断开，主触点闭合，电动机定子绕组连接成三角形。同时 KM2 的常开辅助触点闭合，再次接通 KM1 线圈，KM1 主触点闭合接通三相电源，电动机进入正常运转状态。

由于本线路的主电路中所用 KM2 动断触点为辅助触点，因此只适用于功率较小的电动机。

三相笼型的异步电动机星形—三角形降压起动具有投资少、线路简单的优点。但是，在限制起动电流的同时，起动转矩也为三角形直接起动时转矩的 1/3。因此，它只适用于空载或轻载起动的场合，并且适用于电动机正常运行时定子绕组为三角形连接的笼型异步电动机。

三、自耦变压器降压起动控制电路工作原理

图 3.20 为自耦变压器外形与接线图。

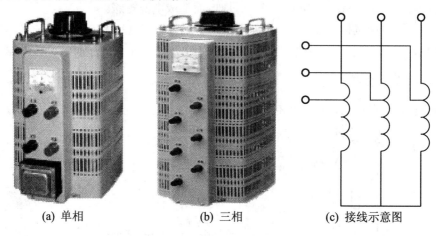

(a) 单相   (b) 三相   (c) 接线示意图

图 3.20　自耦变压器外形与接线图

电动机在起动时，先经自耦变压器降压，限制起动电流，当转速接近额定转速时，切除自耦变压器转入全压运行。

1. 自耦变压器降压起动的控制原理

起动时，将电动机定子绕组接到自耦变压器的二次侧，这样电动机定子绕组得到的电压为自耦变压器的二次电压，改变自耦变压器抽头的位置可以获得不同的起动电压。由电动机原理可知：当利用自耦变压器将起动电压降为额定电压的 $1/K$ 时，起动电流减少到 $1/K^2$，同时起动转矩也降为直接起动的 $1/K^2$。因此，自耦变压器降压起动常用于空载或轻载起动。

在实际应用中，自耦变压器一般有 65%、85% 等中间抽头。当起动完毕时，自耦变压器被切除，额定电压(即自耦变压器的一次电压)直接加到电动机的定子绕组上，电动机进入全电压正常运行状态。

2. 自耦变压器降压起动控制电路的工作原理

图 3.21 为自耦变压器降压起动控制电路。其中，自耦变压器按星形连接，KM1、KM2 为降压接触器，KM3 为正常运行接触器，KT 为时间继电器，KA 为中间继电器。

合上电源开关 QS，按下起动按钮 SB2，KM1、KM2 线圈及 KT 的线圈通电并通过 KM1 的动合辅助触点自锁，KM1、KM2 的主触点将自耦变压器接入，电动机定子绕组经自耦变压器供电进行降压启动。同时，时间继电器 KT 开始延时。当电动机转速上升到接近额定转速时，对应的 KT 延时结束，其延时闭合的动合触点闭合。中间继电器 KA 通电动作自锁，KA 的动断触点断开使 KM1、KM2、KT 的线圈均断电，将自耦变压器切除，KA 的动合触点闭合使 KM3 线圈通电动作，主触点接通电动机的电路，电动机在全电压下运行。

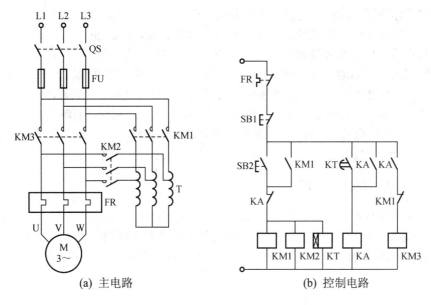

图 3.21　自耦变压器降压起动的控制电路

由以上分析可知，自耦变压器降压起动方法适用于电动机容量较大、正常工作接成星形或三角形的电动机。起动转矩可以通过改变抽头的连接位置进行改变。它的缺点是自耦变压器的价格较贵，而且不允许频繁起动。

一般情况下工厂常用的自耦变压器起动采用成品的补偿器。自耦变压器减压起动分为手动与自动操作两种。手动的补偿器有 QJ3、QJ5 等型号，自动操作的补偿器有 XJ01 型和CT2 系列等。QJ3 型手动控制补偿器有 65%、80% 两组抽头，可以根据起动时负载大小来选择，出厂时接在 65% 的抽头上。XJ01 型补偿减压起动器适用于 14～28kW 的电动机，其控制电路如图 3.22 所示。

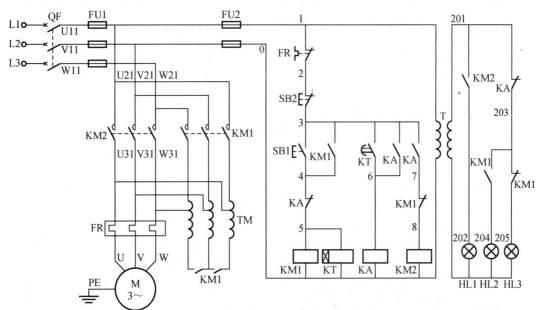

图 3.22　XJ01 自耦补偿减压起动控制电路

线路的工作原理：起动时先合上电源开关 QF，HL3 亮，表明电源电压正常。按下起动按钮 SB1，接触器 KM1、时间继电器 KT 线圈通电并自锁，KM1 的常开主触点闭合将自耦变压器接入电路，电动机降压起动，同时指示灯 HL2 亮，显示电动机正在进行降压起动。当电动机转速上升到接近额定转速时，对应的时间继电器延时结束，KT 延时闭合的常开触点(3~6)闭合，中间继电器 KA 线圈通电并自锁，其常闭触点(4~5)断开，使 KM1 线圈断电，切除自耦变压器；常闭触点(201~203)断开，HL2 指示灯熄灭；而触点 KA(3~7)闭合，使 KM2 的线圈通电吸合，KM2 的主触点接通电动机主电路，电动机在全电压下运行，同时 HL1 指示灯亮，表明电动机降压起动结束，进入正常运行状态。

四、延边三角形减压起动控制电路

延边三角形减压起动的方法是在每相定子绕组中引出一个抽头，电动机起动时将一部分定子绕组接成△形，另一部分定子绕组接成 Y 形，使整个绕组接成延边三角形，其绕组连接示意图如图 3.23 所示。经过一段时间，电动机起动结束后，再将定子绕组接成三角形全压运行

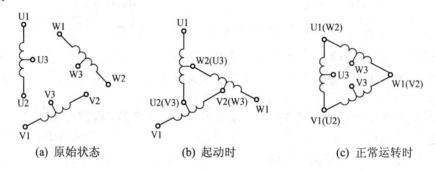

(a) 原始状态　　　　　(b) 起动时　　　　　(c) 正常运转时

图 3.23　延边三角形电动机定子绕组示意图

延边三角形减压起动控制电路如图 3.24 所示。

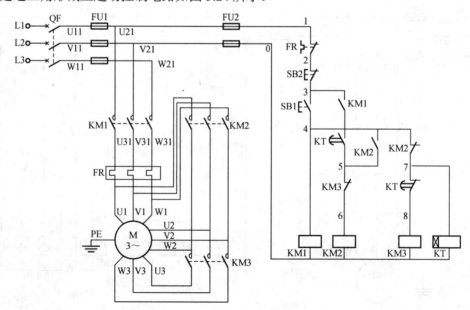

图 3.24　延边三角形减压起动控制电路

合上电源开关 QF，按下起动按钮 SB1，KM1 线圈得电并自锁，KM1 主触点闭合，接通电动机的三相电源，同时接触器 KM3 和时间继电器 KT 得电，KM3 主触点闭合，KM3 常闭触点(5、6)断开，电动机延边三角形降压起动，时间继电器延时时间一到，KT 的延时常开触头(4、5)闭合，常闭触头(7、8)断开，KM3 断电，降压起动结束，KM3 常闭触头(5、6)复位，KM2 线圈得电并自锁，KM2 主触点闭合，电动机三角形连接运行，进行到正常工作状态。KM2 得电后，KM2 的常闭触头(4~7)断开，使 KM3 和 KT 线圈断电，节省电量消耗，同时 KM3 与 KM2 进行了电气互锁。

五、各种三相异步电动机减压起动方法的比较

表 3-4 为各种三相异步电动机减压起动方法的比较。

表 3-4 各种三相异步电动机减压起动方法的比较

起动方法	适用范围	特 点
直接起动	电动机容量小于 10kW	不需起动设备，但起动电流大
定子串电阻	电动机容量大于 10kW，起动次数不太多的场合	线路简单、价格低、电阻消耗功率大，起动转矩小
Y-△起动	额定电压为 380V，正常工作时为△接法的电动机，轻载或空载起动	起动电流和起动转矩为正常工作的 1/3
串自耦变压器	电动机容量较大，要求限制对电网的冲击电流	起动转矩大，设备投入较高
延边三角形	仅适用于电子绕组有中间抽头的特殊电动机	起动转矩大于 Y-△起动电路

任务三 三相异步电动机星形—三角形降压起动控制电路安装、接线及运行调试

一、三相异步电动机星形—三角形降压起动控制电路电气图绘制

1. 三相笼型异步电动机星形—三角形降压起动控制电路原理图绘制

三相笼型异步电动机星形—三角形降压起动控制电路原理图如图 3.18 所示。

2. 三相异步电动机星形—三角形降压起动控制电路接线图的绘制

在绘制三相异步电动机星形—三角形降压起动控制电路接线图时应遵循以下原则。

(1) 在接线图中，一般都应标出项目的相对位置、项目代号、端子间的连接关系、端子号、等线号、线类型、截面积等。

(2) 同一控制盘上的电气元器件可直接连接，而盘内元器件与外部元器件连接时必须绕接线端子板进行。

(3) 接线图中各电气元器件图形符号与文字符号均应以原理图为准，并保持一致。

(4) 互连接线图中的互连关系可用连续线、中断线或线束表示，连接导线应注明导线根数，导线截面积等。一般不表示导线实际走线途径，施工时由操作者根据实际情况选择最佳走线方式。

二、三相异步电动机星形—三角形降压起动控制电路板的制作

1. 训练工具、仪表及器材的准备

(1) 工具：测试笔、螺钉旋具、斜口钳、尖嘴钳、剥线钳、电工刀等。

(2) 仪表：兆欧表、万用表。

(3) 器材如下。

① 控制板一块(包括所用的低压电气元器件)。

② 导线及规格：主电路导线由电动机容量确定；控制电路一般采用截面积为 $1mm^2$ 的铜芯导线(BV)；按钮线一般采用截面积为 $0.75mm^2$ 的铜芯线(RV)；要求主电路与控制电路导线的颜色必须有明显的区别。

③ 备好编码套管。

三相异步电动机星形—三角形降压起动控制电路板所需器件见表 3-5。

表 3-5　元器件明细表

代号	名称	型号	规格	单位	数量	用途	备注
M	三相异步电动机	Y132S-4	5.5kW、380V、11.6A、△接法、1440r/min	台	1		
QS	刀开关						
FU1	熔断器						
KM1、KM2 及 KM3	接触器						
KT	时间继电器						
FR	热继电器						
SB1～SB2	按钮						
XT	接线端子板						
BV	主电路导线						
BV	控制电路导线						
BV	按钮线						
BVR	接地线						
	配线板						

2. 制作

(1) 按电气原理图配齐所有电气元器件，并进行检验。

(2) 在控制板上按元器件位置图安装电气元器件。

(3) 按接线图的走线方法进行板前明线布线和套编码套管，注意板前明线布线的工艺要求。

(4) 根据电气接线图检查控制板布线是否正确。

(5) 安装电动机。

(6) 连接电动机和按钮金属外壳的保护接地线。(若按钮为塑料外壳，则按钮外壳不需接地线)

(7) 连接电源、电动机等控制板外部的导线。

(8) 自检。

(9) 经指导教师检查无误后通电试车。通电完毕先拆除电源线，后拆除负载线。

在安装 Y-△降压起动控制板时应注意什么？

注意事项

(1) 电动机及按钮的金属外壳必须可靠接地。(若按钮为塑料外壳，则按钮外壳不需要接地线)

(2) 按钮内接线时，用力不可过猛，以防螺钉打滑。

(3) 按钮内部的接线不要接错，起动按钮必须接常开按钮(可用万用表的欧姆挡判别)。注意 SB2 要接成复合按钮的形式。

(4) 用 Y-△降压起动的电动机，必须有 6 个出线端子(即接线盒内的连接片要拆开)，并且定子绕组在三角形接法时的额定电压应为 380V。

(5) 接线时要保证电动机三角形接法的正确性，即接触器 KM2 主触头闭合时，应保证定子绕组的 U1 与 W2、V1 与 U2、W1 与 V2 相连接。

(6) 接触器 KM3 的进线必须从三相定子绕组的末端引入，若误将其首端引入，则在 KM3 吸合时会产生三相电源短路事故。

(7) 时间继电器的常开触头不能接错(用万用表欧姆挡检测)。

(8) 编码套管套装要正确。

 如何对 Y-△降压起动控制板进行故障设置与检修？

三、故障设置与检修训练

1. 故障设置

(1) Y 形联接时，起动过程正常，但随后电动机发出异常声音，转速也急剧下降。

分析现象：接触器切换动作正常，表明控制电路接线无误。问题出现在接上电动机后，从故障现象分析，很可能是电动机主回路接线有误，使电路由 Y 形转到△形时，送入电动机的电源顺序改变了，电动机由正常起动突然变成了反序电源制动，强大的反向制动电流造成了电动机转速急剧下降和异常声音。

处理故障：核查主回路接触器及电动机接线端子的接线顺序。

(2) 线路空载试验工作正常，接上电动机试车时，一起动电动机，电动机就发出异常声音，转子左右颤动，立即按 SB1 停止，停止时 KM2 和 KM3 的灭弧罩内有强烈的电弧现象。

分析现象：空载试验时接触器切换动作正常，表明控制电路接线无误。问题出现在接上电动机后，从故障现象分析是由于电动机缺相所引起的。电动机在 Y 起动时有一相绕组未接入电路，造成电动机单相起动，由于缺相，绕组不能形成旋转磁场，使电动机转轴的转向不定而左右颤动。

处理故障：检查接触器触点闭合是否良好，接触器及电动机端子的接线是否紧固。

(3) 空载试验时，一按起动按钮 SB2，KM2 和 KM3 就噼叭噼叭切换不能吸合。

分析现象：一起动 KM2 和 KM3 就反复切换动作，说明时间继电器没有延时动作，一按 SB2 起动按钮，时间继电器线圈得电吸合，KT 触头也立即动作，造成了 KM2 和 KM3 的相互切换，不能正常起动。分析问题可能出现在时间继电器的触头上。

处理故障：检查时间继电器的接线，发现时间继电器的触头使用错误，接到时间继电器的瞬动触头上了，所以一通电触头就动作，将线路改接到时间继电器的延时触头上后故障排除。

2. 检修训练

1) 设置故障
在主电路设置电气故障 1 处，在控制电路中人为设置电气故障 2 处。

2) 学生检修
学生在检修的过程中，可以互设故障，教师可进行启发性的示范指导。

3) 清理现场
清理现场，做好维修记录。

四、考核

1. 电气控制电路安装的评分标准

电气控制电路安装的评分标准见表 3-6。

表 3-6　评分标准

测评内容	配分	评分标准		操作时间	扣分	得分
绘制电气元器件布置图	10	绘制不正确	每处扣 2 分	20min		
安装元器件	20	1. 不按图安装 2. 元器件安装不牢固 3. 元器件安装不整齐、不合理 4. 损坏元器件	扣 5 分 每处扣 2 分 每处扣 2 分 扣 10 分	20min		
布线	50	1. 导线截面选择不正确 2. 不按图接线 3. 布线不合要求 4. 接点松动，露铜过长，螺钉压绝缘层等 5. 损坏导线绝缘或线芯 6. 漏接接地线	扣 5 分 扣 10 分 每处扣 2 分 每处扣 1 分 每处扣 2 分 扣 5 分	60min		
通电试车	20	1. 第一次试车不成功 2. 第二次试车不成功 3. 第三次试车不成功	扣 5 分 扣 5 分 扣 5 分	20min		
安全文明操作		违反安全生产规程	扣 5～20 分			
定额时间(2h)	开始时间( )	每超时 2min 扣 5 分				

2. 电气控制电路的故障检修评分标准

电气控制电路的故障检修评分标准见表 3-7。

表 3-7　评分标准

项目内容	配分	评分标准		扣分
故障分析	40	1. 不能根据试车的状况说出故障现象	扣 5～10 分	
		2. 不能标出最小故障范围	每个故障扣 10 分	
故障排除	60	断电不能验证器件的好坏	扣 5 分	
		测量仪表、工具使用不正确	每次扣 5 分	
		检测故障方法、步骤不正确	扣 10 分	
		不能查出故障	每个故障扣 20 分	
		查出故障但不能排除	每个故障扣 15 分	
		损坏元器件	扣 40 分	
		扩大故障范围或产生新的故障	每个故障扣 40 分	
安全文明生产	倒扣	违反安全文明生产规程，未清理场地	扣 10～60 分	
定额时间	30min	开始时间	结束时间	实际时间
备注		1. 不允许超时检修故障，但在修复故障时每超时 1min 扣 2 分 2. 除定额工时外，各项内容的最高扣分不得超过配分		成绩

知识拓展

一、元器件选择知识

1. 元器件选择的依据

控制电路图中所列的所有元器件的选择都是按照被控对象(负载)的功率大小及其他相关要素进行选择的，即主电路中所列元器件如 QS、FU1、KM1、KM2、KM3、FR 等选择均按照电动机 M 的铭牌数据之一的额定电流的大小进行选择；而 FU2、KT、SB1、SB2 等则按照控制电路的电压等级、辅助触头的类型、需要的数量等按照市场提供低压电器的标称型号进行选择。

2. 元器件选择的方法

各主要电气元器件的选择方法如下。

1) 组合开关的选择

组合开关的选择参照表 3-8，注意以下注意事项即可。

(1) 用于照明或电热电路，组合开关的额定电流应等于或大于被控制电路中各负载电流的总和。

(2) 用于电动机控制，组合开关的额定电流一般取电动机额定电流的 1.5～2.5 倍。

表 3-8　HZ10 及 HZ5 系列组合开关的主要技术数据

型　　号	额定电流/A	控制电动机的最大功率和额定电流		说　　明
HZ10-10	6(单极)	3kW	7A	属于全国统一设计的产品(建议使用)
	10			
HZ10-25	25	5.5kW	12A	
HZ10-60	60			
HZ10-100	100			
HZ5-10	10	1.7 kW		HZ1~HZ5 系列为非全国统一设计系列
HZ5-20	20	4 kW		
HZ5-40	40	7.5 kW		
HZ5-60	60	10 kW		

2) 熔断器的选择

螺旋式熔断器的选择参照表 3-9，注意以下注意事项即可。

(1) 根据使用场合选择熔断器的类型。电网配电一般用管式熔断器，电动机保护一般用螺旋式熔断器，照明电路一般用瓷插式熔断器，保护电力半导体器件则应选择快速熔断器。

(2) 熔断器的额定电流必须等于或大于所装熔体的额定电流。

(3) 用于电动机短路保护的 FU1 熔体额定电流选 I_N 熔体=(1.5 ~ 2.5)I_N(经验公式：三相异步电动机的额定电流 I_N=电动机的千瓦数×2)。

(4) 用于控制电路短路保护的 FU2 的熔体因各类继电、接触器线圈的阻抗较大，容量较小，电流较小，可直接选择 2~6A 的熔体。

表 3-9　螺旋式熔断器的技术数据

型　　号	额定电压/V	额定电流/A	熔体额定电流/A
RL1	500	15	2，4，6，10，15
		60	15，20，30，35，40，50，60
		100	60，80，100
		200	100，125，150，200
RL2	500	25	2，4，6，10，15，20，25
		60	25，35，50，60
		100	80，100

3) 接触器的选择

交流接触器的选择参照表 3-10，注意以下注意事项即可。

(1) 主触头的额定电流应大于或稍大于电动机的额定电流，并且接触器使用在频繁起动、制动及正反转的场合，应将接触器主触头的额定电流降低一个等级使用。

(2) 为节省变压器，可直接选用 380V 或 220V 的线圈电压，线路复杂且考虑安全时，可采用 36V 或 110V 电压的线圈。

表 3-10　CJ10 系列交流接触器的主要技术数据

型号	主触头额定电流/A	可控制电动机最大功率/kW	
		220V	380V
CJ10-10	10	2.2	4
CJ10-20	20	5.5	10
CJ10-40	40	11	20
CJ10-60	60	17	30

注：在规格栏写明线圈电压等级，有 36V、110V(127V)、220V、380V 可供选择。

4) 中间继电器的选择

中间继电器的选择参照表 3-11，注意以下注意事项即可。

(1) 中间继电器的触头对数较多且没有主辅之分，触头额定电流一般为 5A。

(2) 线圈额定电压有 12V、24V、36V、110V、220V、380V 等多种可选。

(3) 常开或常闭的触头数量的选用根据控制电路的需要来定。

表 3-11　JZ7 系列中间继电器的技术数据

型号	触头参数						线圈电压	
	常开	常闭	电压/V	电流/A	闭合电流/A	分断电流/A	交流/V	直流/V
JZ7-44	4	4	380	5	13	2.5	12，24，36，48，110，127，220，380，420，440，500	48，110，220
JZ7-62	6	2	220		13	3.5		
JZ7-80	8	0	127		20	4		

5) 时间继电器的选择

时间继电器的选择参照表 3-12，注意以下注意事项即可。

(1) 根据延时范围和精度选择不同类型和系列的时间继电器。

(2) 延时精度不高的场合可选价格较低的 JS7-A 系列空气阻尼式时间继电器，精度高则选用晶体管式时间继电器。

(3) 根据控制电路的要求选择时间继电器的延时方式(通电延时或断电延时)，同时必须考虑线路对瞬时动作触头的要求。

(4) 根据控制电路的电压选择时间继电器吸引线圈的电压(有 24V、36V、110V、127V、220V、380V、420V 等线圈电压可选)。

表 3-12　JS7-A 系列空气阻尼式时间继电器的有关技术数据

型号	瞬时动作触头		有延时的触头			
			通电延时		断电延时	
	常开	常闭	常开	常闭	常开	常闭
JS7-1A	—	—	1	1	—	—
JS7-2A	1	1	1	1	—	—
JS7-3A	—	—	—	—	1	1
JS7-4A	1	1	—	—	1	1

6) 热继电器的选择

热继电器的选择参照表 3-13，注意以下注意事项即可。

(1) 热继电器的额定电流略大于电动机的额定电流。

(2) 一般情况下热继电器热元器件的整定电流为电动机额定电流的 0.95～1.05 倍。

(3) 根据电动机定子绕组的连接方式选择热继电器的结构形式，即定子绕组作 Y 形连接的电动机选用普通三相结构的热继电器，而作 △ 连接的电动机应选用三相结构带断相保护装置的热继电器。

表 3-13　常用热继电器的主要技术数据

型号	额定电流/A	额定电压/ V	相数
JR16(JR0) (有断相保护)	20	380	3
	60		
	150		
JR15 (无断相保护)	10	380	2
	40		
	100		
	150		
JR14	20	380	3
	150		

二、导线选择知识

导线及规格：主电路导线由电动机容量确定；控制电路一般采用截面积为 $1mm^2$ 的铜芯导线(BV)；按钮线一般采用截面积为 $0.75mm^2$ 的铜芯线(RV)；导线的颜色要求主电路与控制电路必须有明显的区别。

三、时间继电器的整定时间

起动时间过短，电动机的转速还未提起来，这时如果切换到全压运行，电动机的起动电流还会很大，造成电网电压波动；若起动时间过长，电动机不能从丫形接法切换到 △ 形法运行，此时线电流不一定会超过热继电器的整定值，热继电器不会动作，但电动机绕组的电流却已超过额定值，会因低电压大电流导致电动机发热烧毁。

起动时间整定。为了防止起动时间过短或过长，时间继电器的初步时间确定一般按电动机功率 1kW 约 0.6～0.8s 整定。在现场可用钳形电流表来观察电动机起动过程中的电流变化，电流从刚起动时的最大值下降到不再下降时的时间，就是 KT 的整定值。

项 目 小 结

本项目主要介绍了三相笼型异步电动机星形—三角形降压起动的控制电路板的制作，重点介绍了时间继电器的基本结构组成、工作原理及主要参数、型号与图形、文字符号，分析了由时间继电器组成的三相笼型异步电动机星形—三角形降压起动的控制电路、三相交流异步电动机星形—三角形降压起动的控制电路的工作原理，介绍了降压起动的类型、星形—三角形降压起动的电气原理图、元器件布置图及安装接线图的绘制规则及安装接线的工艺要求。在安装接线时应注意如下要求。

(1) Y-△减压起动电路，只适用于正常运行时定子绕组接成△形的笼型异步电动机，并且定子绕组在△形接法时的额定电压应等于三相电源线电压。

(2) 接线时应先将电动机接线盒的连接片拆除。接线时要保证△形接法的正确性，即接触器 KM3 主触头闭合时，应保证定子绕组的 U1 与 W2、V1 与 U2、W1 与 V2 相连接。

(3) 接线时应特别注意电动机的首尾端接线相序不可有错，如果接线有错，在起动和运行时电动机转向相反，电动机会因突然反转电流剧增烧毁或造成掉闸事故。

(4) 通电前检查熔体规格、热继电器、时间继电器的整定值是否符合要求。

(5) 电动机 Y-△减压起动电路，由于起动力矩只有△形接法时的 1/3，所以只适用于轻载或空载电动机的起动。

习　　题

一、填空

1. 电动机 Y-△减压起动时的电流是正常运行时电流的_____。

2. 通电延时定时器(TON)的输入(IN)_____时开始定时，当前值大于等于设定值时其定时器位变为_____，其常开触点_____，常闭触点_____。

3. 通电延时定时器(TON)的输入(IN)电路_____时被复位，复位后其常开触点_____，常闭触点_____，当前值等于_____。

二、简答题

1. 什么是时间继电器？它有何用途？

2. 常用的起动器有哪几种？都用在什么场合？

3. 空气阻尼式时间继电器主要由哪些部分组成？试述其延时原理。

4. 星形—三角形起动器由哪些主要部分组成？试述它们的作用和降压起动原理。

5. 交流接触器和时间继电器各有哪些常见故障？造成的原因是什么？怎样检修？

6. 三相异步电动机星形—三角形起动的目的是什么？

7. 时间继电器的延时长短对起动有何影响？

8. 采用星形—三角形起动对电动机有何要求？

9. 4 种降压起动方法有哪些区别？

项目四

三相异步电动机制动控制电路板的制作

本项目首先明确三相异步电动机制动控制电路板制作的任务，接着学习本任务所涉及的相关元器件和三相异步电动机制动控制电路的工作原理，然后进行电气系统图的绘制、元器件选择、安装及布线，最后进行控制板的检查与调试。

↘ 项目目标

知识目标	(1) 能正确识别、选用、安装、使用速度继电器
	(2) 熟悉三相异步电动机反接制动控制电路的构成和工作原理
	(3) 熟悉 PLC 控制三相异步电动机反接制动的工作原理
能力目标	(1) 能快速正确地安装与检修制动控制电路
	(2) 能熟练应用电阻法对线路故障进行判断，并能通电试车

↘ 重难点提示

重　　点	三相异步电动机制动控制电路的工作原理、安装、接线、调试运行
难　　点	三相异步电动机制动控制电路的工作原理

↘ 项目导入

三相异步电动机定子绕组脱离电源后，由于惯性作用，转子需经过一段时间才能停止转动。而某些生产工艺要求电动机能迅速而准确地停机(也称为停车)，这就要求对电动机进行强迫制动。图 4.1 是一块已制作好的反接制动控制盘。

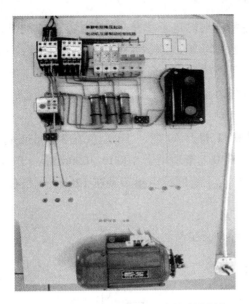

图 4.1　三相异步电动机反接制动控制盘

任务一　初步认识速度继电器

一、速度继电器工作原理

速度继电器常用于三相感应电动机按速度原则控制的反接制动线路中，也称为反接制动继电器。它主要由转子、定子和触点 3 部分组成。转子是一个圆柱形永久磁铁，定子是一个笼型空心圆环，由硅钢片叠成，并装有笼型绕组。速度继电器的结构示意图如图 4.2 所示。

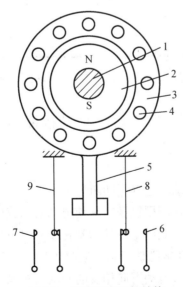

图 4.2　速度继电器的结构

1—转轴；2—转子；3—定子；4—绕组；5—摆锤；6、7—静触点；8、9—动触点其转子轴与电动机轴相连接，定子空套在转子上。当电动机转动时，速度继电器的转子(永久磁铁)随之转动，在空间产生旋转磁场，切割定子绕组，在其中产生感应电流。此电流又在旋转磁场的作用下产生转矩，使定子随转子转动方向施转一定的角度，与定子装在一起的摆锤推动触点动作，使常闭触点断开，常开触点闭合。当电动机转速低于某一值时，定子产生的转矩减小，触点复位。

常用的速度继电器有 JY1 和 JFZ0 型。JY1 型能在 3000r/min 以下可靠工作；JFZ0-1 型适用于 300～1000r/min，JFZ0-2 型适用于 1000～3600r/min；JFZ0 型速度继电器有两对常开、两对常闭触点。一般情况下速度继电器转轴在 120r/min 左右即能动作，在 100r/min 以下触点复位。

二、速度继电器的图形、文字符号

速度继电器的图形符号及文字符号如图 4.3 所示。

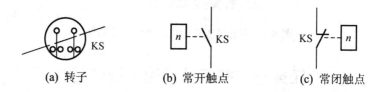

(a) 转子   (b) 常开触点   (c) 常闭触点

图 4.3　速度继电器的图形符号及文字符号

JY1 和 JFZ0 型速度继电器的主要技术参数见表 4-1。

表 4-1　JY1 和 JFZ0 型速度继电器的主要技术参数

型号	触点容量		触点数量		额定工作转速/(r/min)	允许操作频率f/(次/h)
	额定电压/V	额定电流/A	正转时动作	反正转时动作		
JY1 JFZ0	380	2	1 组转换触点	1 组转换触点	100～3600 300～3600	<30

速度继电器的选择主要根据被控制电动机的额定转速、控制要求等进行合理选择。

任务二　三相异步电动机制动控制电路的工作原理

对三相异步电动机要想迅速而准确地停车，就要采取相应的措施，即制动。

通常制动的方式有机械制动和电气制动两种。

机械制动是在电动机断电后利用机械装置使电动机迅速停转。电磁抱闸制动就是常用的方法之一，结构上电磁抱闸由制动电磁铁和闸瓦制动器组成，可分为断电制动和通电制动型。机械制动动作时，将制动电磁铁线圈的电源切断或接通，通过机械抱闸制动电动机。

电气制动是产生一个与原来转动方向相反的制动力矩来进行制动。常用的电气制动有反接制动和能耗制动等。

一、三相笼型异步电动机反接制动控制电路

反接制动是在电动机的原三相电源被切断后，立即接通与原相序相反的三相交流电源，在定子绕组的旋转磁场方向，转子受到与旋转方向相反的制动力矩作用而迅速停机。这种制动方式必须在电动机的转速减小到接近零时，及时切断电动机电源，以防电动机反向起动。

在反接制动时，电动机定子绕组流过的电流相当于全电压直接起动时电流的两倍，为了限制制动电流对电动机转轴的机械冲击力，在制动过程中往往在定子电路中串入电阻，这个电阻称为反接制动电阻。

1. 单向运转的反接制动控制电路

反接制动的关键在于改变电动机电源的相序，且当电动机转速接近零时，能自动将电源切除。为此在反接制动控制过程中采用速度继电器来检测电动机的速度变化。

图 4.4 为三相笼型异步电动机单向运转的反接制动的控制电路。图中，KM1 为单项旋转接触器，KM2 为反接制动接触器，KS 为速度继电器，R 为反接制动电阻。

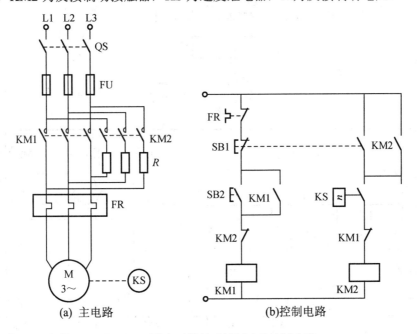

(a) 主电路　　　　　　　　(b)控制电路

图 4.4　单向运转的反接制动的控制电路

起动时，合上电源开关 QS，按下起动按钮 SB2，接触器 KM1 线圈通电并自锁，电动机在全电压下起动运行，当转速升到某一值(通常为大于 120r/min)时，速度继电器 KS 常开触点闭合，为反接制动做准备。当电动要停止，按下复合按钮 SB1 后，其常闭触点断开，KM1 线圈断电，KM1 主触点断开，但电动机由于惯性仍要继续转动，同时 SB1 的常开触点闭合，使 KM2 线圈得电并自锁，KM2 主触点闭合，电动机绕组串入电阻进行反接制动，此时电动机转速迅速下降，当转速下降到 100r/min 时，速度继电器 KS 复位，KM2 线圈断电释放，制动过程结束。

2. 电动机可逆运行的反接制动线路

图 4.5 为笼型异步电动机降压起动可逆运行的反接制动控制电路。图中，KM1、KM2 为正、反转接触器，KM3 为端接电阻用接触器，KA1～KA4 为中间继电器，电阻 R 既能限制反接制动电流，也能限制起动电流。

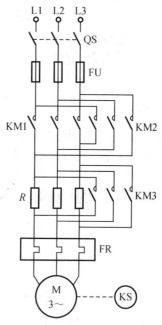

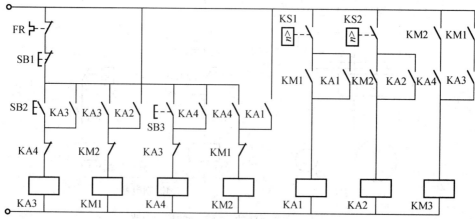

图 4.5　电动机可逆运行的反接制动控制电路

1) 正向起动控制过程

按下起动按钮 SB2，中间继电器 KA3 线圈通电动作并自锁，KA3 的动合触电闭合使接触器 KM1 线圈通电，KM1 的主触点闭合，电动机在串接绕组 R 的情况下降压起动。当转速上升到一定值时，一般为速度继电器 KS 动作，常开触点 KS1 闭合，中间继电器 KA1 线圈通电动作并自锁，KA1 的常开触点闭合，KM3 线圈通电动作，KM3 的常开主触点闭合，切除电阻 R，电动机在全电压下正转运行。

2) 停机控制过程

按停机按钮 SB1，KA3 及 KM1 线圈相继断电，触点复位，电动机正向电源被断开，由于电动机转速还较高，速度继电器的常开触点 KS1 仍闭合，中间继电器 KA1 线圈保持通电状态。KM1 断电后，常闭触点的闭合使反转接触器 KM2 线圈通电，接通电动机反向电源，进行反接制动。同时，由于中间继电器 KA3 线圈断电，接触器 KM3 断电，电阻 R 被串入主电路，限制了反接制动电流。电动机转速迅速下降，当转速下降到小于 100r/min 时，速度继电器的常开触点 KS1 断开复位，KA1 线圈断电，KM2 线圈也断电，反接制动结束。

3) 反向起动控制过程

按反向起动按钮 SB3，其起动过程和停机制动过程与正向起动时相似，留给读者自行分析。

反接制动的优点是制动能力强、制动时间短；缺点是能量损耗大、制动时冲击力大、制动准确度差。反接制动适用于生产机械的迅速停机与迅速反接运转。

二、三相异步电动机能耗制动控制电路

能耗制动是在三相笼型异步电动机断开交流电源后，迅速给定子绕组接通直流电源，产生静止的磁场，此时电动机转子因惯性而继续运转，切割磁感应线，产生感应电动势和转子电流，转子电流与静止磁场相互作用，产生制动力矩，使电动机迅速减速后停机。此制动方法是将电动机旋转的动能转变为电能，消耗在转子电阻上，故称为能耗制动。

能耗制动既可以按时间原则，由时间继电器来控制；也可以按速度原则，由速度继电器进行控制。

1. 按时间原则控制的能耗制动控制电路

1) 线路的工作原理

图 4.6 为按时间原则控制的笼型异步电动机能耗制动控制电路。

起动时，合上电源开关 QS，按下起动按钮 SB2，则接触器 KM1 动作并自锁，其主触点接通电动机主电路，电动机在全电压下起动运行。

停车时，按下停止按钮 SB1，其动断触点断开使 KM1 线圈断电，切断电动机电源，SB1 的动合触点闭合，接触器 KM2、时间继电器 KT 线圈通电并经 KM2 的辅助触点和 KT 的瞬动触点自锁，同时，KM2 的主触点闭合，给电动机两相定子绕组送入直流电流，进行能耗制动。经过一定时间后，KT 延时结束，其延时打开的动断触点打开，KM2 线圈断电释放，切断直流电源，并且 KT 线圈断电，为下次制动做好准备。

由以上分析可知：时间继电器 KT 的整定值即为制动过程的时间。KM1 和 KM2 的动断触点进行联锁的目的是防止交流电和直流电同时加入电动机定子绕组。

2) 直流电源的估算方法

(1) 参数的确定。先用电桥测量电动机定子绕组任意两项之间的冷态电阻 R，也可以从有关的电工手册中查到；测出电动机的空载电流 I_0，也可根据 $I_0=(30\%\sim40\%)I_N$ 来确定，其中 I_N 为电动机的额定电流。

一般取直流制动电流为 $I_z=(1.5\sim4)I_N$。当传动装置的转度高、惯性大时，系数可取大些，否则取小些；一般取直流电源的制动电压为 RI_z。

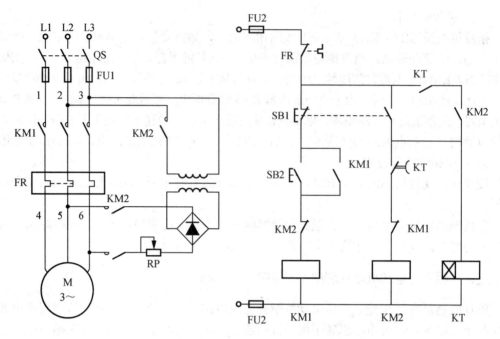

图 4.6　按时间原则控制的电动机能耗制动控制电路

(2) 变压器容量及二极管的选择原则如下。

变压器二次测电压取 $U_2 = 1.11RI_z$。

变压器二次电流取 $I_2 = 1.11I_z$。

变压器容量为 $S = U_2I_2$。

考虑到变压器仅在制动过程短时间内工作，它的实际容量通常取计算容量的 $\frac{1}{3}$ 左右。

当采取桥式整流电路时，每只二极管流过的电流平均值为 $I_z/2$，反向电压为 $\sqrt{2U_2}$，然后再考虑 1.5～2 倍的安全裕量，选择适当的二极管。

2. 按速度原则控制的能耗制动控制电路

图 4.7 为按速度原则控制的笼型异步电动机可逆运行能耗制动控制电路。

在图 4.7 中，KM1、KM2 分别为正反转接触器，KM3 为制动接触器，KS 为速度继电器，KS1、KS2 分别为正反转时对应的动合触点。

起动时，合上电源开关 QS，根据需要按下正转按钮或反转按钮，相应的接触器 KM1 或 KM2 线圈通电并自锁，电动机正转或反转，此时速度继电器触点 KS1 或 KS2 闭合。

需要停机时，按下停机按钮 SB1，使 KM1 或 KM2 线圈断电，SB1 的动合触点闭合，接触器 KM2 线圈通电动作并自锁，电动机定子绕组接通直流电源进行能耗制动，转速迅速下降。当转速下降到 100r/min 时，速度继电器 KS 的动合触点 KS1 或 KS2 断开，KS3 线圈断电，能耗制动结束，之后电动机自由停机。

能耗制动的特点是制动电流较小，能量损耗小，但它需要直流电源，制动速度较慢，所以能耗制动适用于要求平稳制动的场合。

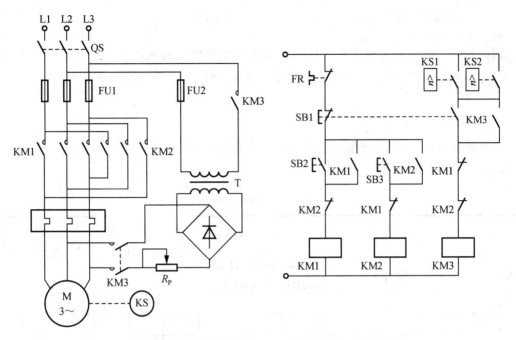

图 4.7　按速度原则控制的电动机可逆运行能耗制动控制电路

三、反接制动与能耗制动的比较

表 4-2 为反接制动与能耗制动的比较。

表 4-2　反接制动与能耗制动的比较

制动方法	适用范围	特点
能耗制动	要求平稳准确制动场合	制动准确度高，需直流电源，设备投入费用高
反接制动	制动要求迅速，系统惯性大，制动不频繁的场合	设备简单，制动迅速，准确性差，制动冲击力强

任务三　三相异步电动机制动控制电路安装、接线及运行调试

一、安装前的准备

1. 训练工具、仪表

(1) 工具：测试笔、螺钉旋具、斜口钳、尖嘴钳、剥线钳、电工刀等。

(2) 仪表：兆欧表、万用表。

2. 线材

(1) 控制板一块(包括所用的低压电器器件)。

(2) 导线及规格：主电路导线由电动机容量确定；控制电路一般采用截面面积为 $1mm^2$ 的铜芯导线(BV)；按钮线一般采用截面面积为 $0.75mm^2$ 的铜芯线(RV)；导线的颜色要求主电路与控制电路必须有明显的区别。

(3) 备好编码套管和扎带。

 　　你知道单向运行反接制动控制电路中所需的低压电气控制元器件有哪些吗？各种电气控制元器件的型号、技术参数如何？下面就来学习一下。

3. 元器件的选择

根据原理图、元器件布置图和电气安装接线图，按照元器件的选用原则配齐所有电气元器件，所需元器件明细见表 4-3。

表 4-3　元器件明细表

代号	名　称	型　号	规　格	单位	数量	单价	金额	用途	备注
M	三相异步电动机	Y132S-4	5.5kW、380V、11.6A、△接法、1 440r/min	台	1				
QS									
FU1									
FU2									
KM									
SB									
XT									
KS	速度继电器								
	主电路导线								
	控制电路导线								
	按钮线								
	接地线								
	配线板								

二、元器件检查及安装

1. 元器件检查

1) 外观检查

(1) 电气元器件的技术数据(如型号、规格、额定电压、额定电流)应完整并符合要求，外观无损伤。

(2) 电气元器件的电磁机构动作是否灵活，有无衔铁卡阻等不正常现象，用万用表检测电磁线圈的通断情况以及各触头的分合情况。

(3) 接触器的线圈电压和电源电压是否一致。

(4) 对电动机的质量进行常规检查(每相绕组的通断，相间绝缘，相对地绝缘)。

2) 万用表检查

(1) 万用表选择 $R \times 100$ 或者 $R \times 1k$ 挡，并进行欧姆调零。

(2) 将触头两两测量查找，未按下按钮时阻值为"∞"，而按下按钮时阻值为 0 的一对为常开触头；相反，未按下按钮时阻值为 0，而按下按钮时阻值为"∞"的一对为常闭触头。

3) 用兆欧表检测器件绝缘电阻

用兆欧表检测电气元器件及电动机的绝缘电阻等有关技术数据是否符合要求。

2. 安装及工艺要求

在控制板上按电器布置图安装电气元器件，工艺要求如下。

(1) 断路器、熔断器的受电端子应安装在控制板的外侧。

(2) 每个元器件的安装位置应整齐、匀称、间距合理，便于布线及元器件的更换。

(3) 紧固各元器件时要用力均匀，紧固程度要适当。

三、布线

按接线图的走线方法进行板前明线布线和套编码套管，板前明线布线的工艺要求如下。

(1) 布线通道尽可能地少，同路并行导线按主、控制电路分类集中，单层密排，紧贴安装面布线。

(2) 同一平面的导线应高低一致或前后一致，不能交叉。非交叉不可时，应水平架空跨越，但必须走线合理。

(3) 布线应横平竖直，分布均匀。变换走向时应垂直。

(4) 布线时严禁损伤线芯和导线绝缘。

(5) 在每根剥去绝缘层导线的两端套上编码套管。所有从一个接线端子(或接线桩)到另一个接线端子(或接线桩)的导线必须连接，中间无接头。

(6) 导线与接线端子或接线桩连接时，不得压绝缘层、不反圈及不露铜过长。

(7) 一个电气元器件接线端子上的连接导线不得多于两根。

(8) 根据电气接线图检查控制板布线是否正确。

(9) 连接电动机和按钮金属外壳的保护接地线(若按钮为塑料外壳，则按钮外壳不需接地线)。

(10) 连接电源、电动机等控制板外部的导线。

四、检查

1. 自检

(1) 按电路原理图或电气接线图从电源端开始，逐段核对接线及接线端子处是否正确，有无漏接、错接之处。检查导线接点是否符合要求，压接是否牢固。接触应良好，以免带负载运行时产生闪弧现象。

(2) 用万用表检查线路的通断情况。检查时，应选用倍率适当的电阻挡，并进行校零，以防短路故障发生。对控制电路的检查(可断开主电路)，可将表笔分别搭在 U11、V11 线端上，读数应为"∞"。按下起动按钮时，读数应为接触器线圈的电阻值，然后断开控制电路再检查主电路有无开路或短路现象，此时可用手动操作机构来代替接触器通电进行检查。

(3) 用兆欧表检查线路的绝缘电阻应不得小于 $0.5 M\Omega$。

(4) 熔断器的熔体选择合理，热继电器的整定值应调整合适。

2. 指导教师检查

在自检无误后，一定要经过指导教师检查，确保无误后才允许通电试车。

五、通电调试

1. 空载调试

在不接负载的情况下通电调试。先合上电源开关，按下启动按钮观察接触器的吸合情况。在自锁状态下，接触器的动作机构应该是吸合的。

2. 带负载调试

带负载实验：空载试验成功后接上电动机及速度继电器进行通电试验。试车完毕先拆除电源线，后拆除负载线，清理工作台填写好使用记录。

六、考核

三相异步电动机单向反接制动控制电路板制作考核要求及评分标准见表4-4。

表4-4　三相异步电动机单向反接制动控制电路板制作考核要求及评分标准

测评内容	配分	评分标准		操作时间	扣分	得分
绘制电气元器件布置图	10	绘制不正确	每处扣2分	20min		
安装元器件	20	1. 不按图安装 2. 元器件安装不牢固 3. 元器件安装不整齐、不合理 4. 损坏元器件	扣5分 每处扣2分 每处扣2分 扣10分	20min		
布线	50	1. 导线截面选择不正确 2. 不按图接线 3. 布线不合要求 4. 接点松动，露铜过长，螺钉压绝缘层等 5. 损坏导线绝缘或线芯 6. 漏接接地线	扣5分 扣10分 每处扣2分 每处扣1分 每处扣2分 扣5分	60min		
通电试车	20	1. 第一次试车不成功 2. 第二次试车不成功 3. 第三次试车不成功	扣5分 扣5分 扣5分	20min		
安全文明操作		违反安全生产规程	扣5~20分			
定额时间 (3h)	开始时间 (　　)	每超时2min扣5分				
	结束时间 (　　)					
合计总分						

三相异步电动机反接制动控制电路的故障检修评分标准见表 4-5。

表 4-5　评分标准

项目内容	配分	评分标准		扣分
故障分析	40	1. 不能根据试车的状况说出故障现象	扣 5～10 分	
		2. 不能标出最小故障范围	每个故障扣 10 分	
故障排除	60	停电不验电	扣 5 分	
		测量仪表、工具使用不正确	每次扣 5 分	
		检测故障方法、步骤不正确	扣 10 分	
		不能查出故障	每个故障扣 20 分	
		查出故障但不能排除	每个故障扣 15 分	
		损坏元器件	扣 40 分	
		扩大故障范围或产生新的故障	每个故障扣 40 分	
安全文明生产	倒扣	违反安全文明生产规程，未清理场地	扣 10～60 分	
定额时间	30 分钟	开始时间		结束时间		实际时间	
备注		1. 不允许超时检修故障，但在修复故障时每超时 1min 扣 2 分 2. 除定额工时外，各项内容的最高扣分不得超过配分	成绩	

知识拓展

电动机制动控制电路

在现代工业生产过程中，往往要求电动机能够迅速停车或者机械设备能够准确定位，因此制动的方法尤为重要。

在切断电源以后，利用电气原理或机械装置使电动机迅速停转的方法称为三相异步电动机的制动。

三相异步电动机的制动分为电气制动和机械制动。电气制动分为反接制动和能耗制动，机械制动分为电磁抱闸和电磁离合器。

机械制动采用机械抱闸或液压装置制动，电气制动实际上是利用电气方法使电动机产生一个与原来转子的转动方向相反的制动转矩来制动。

在前面已介绍过电气制动，下面介绍机械制动。

在电机被切断电源后，利用机械装置使电动机迅速停转的方法称为机械制动。应用较为普遍的机械制动装置有电磁抱闸和电磁离合器两种。这两种装置的制动原理基本相同，下面以电磁抱闸为例来说明机械制动的原理。

1. 电磁抱闸装置

电磁抱闸制动器电磁抱闸外形及其结构如图 4.8 所示。

电磁抱闸主要包括两部分：制动电磁铁和闸瓦制动器。制动电磁铁由铁心、衔铁和线圈 3 部分组成。闸瓦制动器由闸轮、闸瓦、杠杆和弹簧等部分组成。闸轮与电动机在同一根轴上。

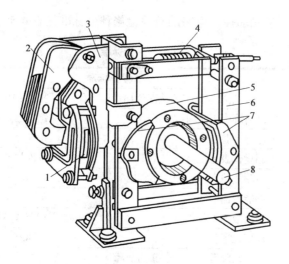

图 4.8　电磁抱闸制动器电磁抱闸外形及其结构

1—线圈；2—衔铁；3—铁心；4—弹簧；5—闸轮；6—杠杆；7—闸瓦；8—轴

2. 电磁抱闸控制电路

电磁抱闸制动器分为断电制动型和通电制动型，因此机械制动控制电路也有断电制动和通电制动两种。

在电梯、起重机、卷扬机等一类升降机械上，采用的制动闸平时处于"抱住"的制动装置，其控制电路如图 4.9 所示。其工作原理为：合上电源开关 QF，按下起动按钮 SB2，其接触器 KM 通电吸合，电磁抱闸线圈 YB 通电，使抱闸的闸瓦与闸轮分开，电动机起动；当需要制动时，按下停止按钮 SB1，接触器 KM 断电释放，电动机的电源被切断。同时，电磁抱闸线圈 YB 也断电，在弹簧的作用下，闸轮与闸瓦抱住，电动机迅速制动。这种制动方法不会因中途断电或电气故障而造成事故，比较安全可靠。但缺点是切断电源后，电动机轴就被制动刹住不能转动，不便调整，而有些机械(如机床等)，有时需要人工转动电动机的转轴，这时采用通电制动控制电路。

3. 通电制动控制电路

像机床这类需要调整加工工件位置的机械设备，一般采用制动闸平时处于"松开"状态的制动装置。图 4.10 所示为电磁抱闸通电制动控制电路，该控制电路与断电制动型不同，制动的结构也不同。其工作原理为：在主电路有电流通过时，电磁抱闸没有电压，这时抱闸与闸轮松开；按下停止按钮 SB2 时，主电路断电，通过复合按钮 SB2 的常开触点闭合，使 KM2 线圈通电，电磁抱闸 YA 的线圈通电，抱闸与闸轮抱紧制动；当松开按钮 SB2 时，电磁抱闸 YA 线圈断电，抱闸又松开。这种制动方法在电动机不转动的常态下，电磁抱闸线圈无电流，抱闸与闸轮也处于松开状态。这样，如用于机床，在电动机未通电时，可以用手扳动主轴以调整和对刀。

经过以上分析得知，在电梯、起重、卷扬机等升降机械上，通常采用断电制动。其优点是能够准确定位，同时可防止电动机突然断电或线路出现故障时重物自行坠落。在机床等生产机械中采用通电制动，以便在电动机未通电时，可以用手扳动主轴以调整和对刀。

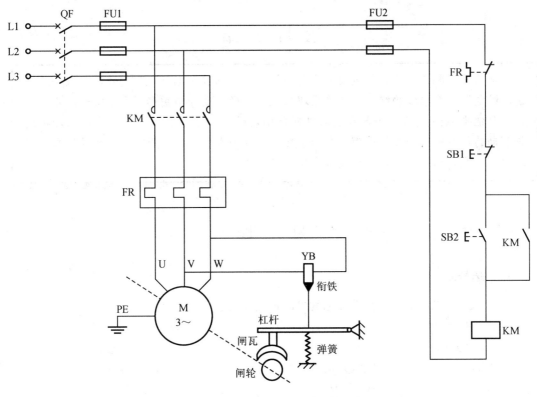

图 4.9　电磁抱闸断电制动控制电路

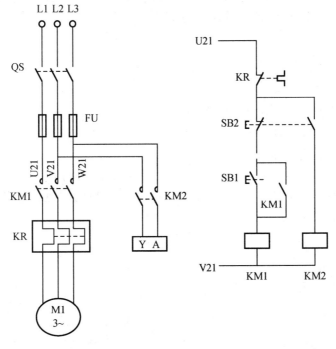

图 4.10　电磁抱闸通电制动控制电路

项 目 小 结

　　本项目主要介绍了三相笼型异步电动机反接制动控制电路板的制作，重点介绍了速度继电器的基本结构组成、工作原理及主要参数、型号与图形、文字符号，分析了由速度继电器组成的三相异步电动机反接制动的控制电路和三相交流异步电动机反接制动的控制电路的工作原理，介绍了反接制动的类型、电气原理图、元器件布置图及安装接线图的绘制规则及安装接线的工艺要求。

习 　 题

一、选择题

1. 速度继电器的(　　　)与被控电动机的轴相连接。
　　A. 转子的轴　　　　　　　　　　B. 定子空芯圆环
　　C. 常开触点　　　　　　　　　　D. 常闭触点
2. 熔断器是一种(　　　)电气元器件。
　　A. 控制　　　　　B. 保护　　　　C. 手动　　　　D. 自动
3. 熔断器串接在电路中实现(　　　)保护。
　　A. 长期过载　　　B. 欠电流　　　C. 短路　　　　D. 过电流
4. 下列电气元器件中不能实现短路保护的是(　　　)。
　　A. 熔断器　　　　　　　　　　　B. 热继电器
　　C. 过电流继电器　　　　　　　　D. 空气开关

二、简答题

1. 什么是速度继电器？它有何用途？
2. 常用的制动有哪几种？都用在什么场合？
3. 速度继电器主要由哪些部分组成？
4. 反接制动由哪些主要部分组成？试述它们的作用和工作原理。
5. 反接制动控制电路有哪些常见故障？造成的原因是什么？怎样检修？

下 篇

典型机床电气
控制与维修

　　"典型机床电气控制与维修"通过 5 个工作项目：车床电气控制与维修、磨床电气控制与维修、铣床电气控制与维修、钻床电气控制与维修及桥式起重机电气控制与维修来介绍典型机床电气控制的工作原理及工作过程，典型机床常见故障诊断及排除方法，全面提升典型机床故障诊断与排除的能力。

　　通过"典型机床电气控制与维修"的学习与训练，掌握典型机床电气控制电路的工作原理，掌握机床故障诊断及排除方法，同时培养良好的职业习惯：工具摆放合理，操作完毕后及时清理工作台，并填写使用记录；提高团队合作能力与交流表达能力；提高查阅资料和信息处理的能力，最终提高解决问题的能力。

项目五

车床电气控制与维修

本项目首先要明确车床电气控制与维修的工作任务，接着介绍车床电气控制原理，然后进行车床电气控制电路板的制作，最后通过故障排除训练掌握车床电气控制电路常见故障诊断及排除。通过本项目的学习应该达到的目标如下。

➤ 项目目标

知识目标	(1) 了解生产机械电气控制电路的读图方法 (2) 掌握车床电气控制电路的分析方法和分析步骤、工作原理以及机械、液压与电气控制配合的关系，组成电气线路的一般规律、保护环节以及电气控制电路的操作方法 (3) 掌握车床电气控制电路故障检修方法
能力目标	(1) 绘制电气原理图、元器件布置图及安装接线图 (2) 按图接线 (3) 安装、调试典型设备 (4) 查找、排除故障

➤ 重难点提示

重　点	车床电气控制电路板的制作及常见电气故障诊断与排除
难　点	车床工作原理

任务一　初步认识车床

图 5.1 为车床外形图。

(a) 普通卧式车床

(b) 两端同时加工的数控卧式车床

(c) 数控立式车床

(d) 单柱立式车床

图 5.1　车床外形图

一、车床的用途

车床是一种用途极广且很普遍的金属切削机床，主要用来车削外圆、内圆、端面、螺纹、定型面，也可用钻头、铰刀等刀具来钻孔、镗孔、倒角、割槽和切断等。车床的种类很多，有卧式车床、落地车床、立式车床、转塔车床等，生产中以普通卧式车床应用最普遍，数量最多。

　现在你能回答出在生产实际中存在着哪些车床，它们有什么用途吗？

根据加工元器件和控制技术的不同，车床的分类很多。下面是普通卧式车床 CA6140 的型号含义。

CA6140 $\begin{cases} \text{C—类代号(车床类)} \\ \text{A—结构特性代号} \\ \text{6—组代号(落地及卧式车床组)} \\ \text{1—系代号(卧式车床系)} \\ \text{40—主参数折算值} \end{cases}$

读图之前首先要了解普通卧式车床的结构、运动形式和控制要求。

二、车床的结构及运动形式

图 5.2 为普通卧式车床结构图。

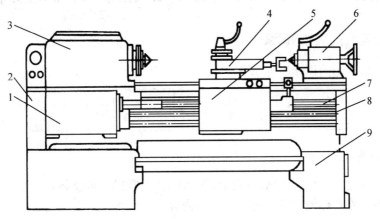

图 5.2　普通卧式车床结构图

1—进给箱；2—挂轮箱；3—主轴变速箱；4—拖板与刀架；5—溜板箱；6—尾架；
7—丝杆；8—光杠；9—床身

车床主要由床身、主轴箱、尾架、刀架、溜板箱、挂轮箱、进给箱、丝杠、光杆等几部分组成。车床加工过程中有主运动、进给运动、辅助运动。

车床的主运动是由主轴电动机通过带传动到主轴变速箱再旋转的，其主传动力是主轴的运动，进给运动是溜板箱带动刀架的直线运动，辅助运动包括溜板箱的快速移动、尾架的移动和工件的夹紧与放松等，刀架快速移动由刀架快速移动电动机带动。

车床是怎样动作的？

三、对电力拖动和控制的要求

(1) 主电动机 M1 完成主轴主运动和刀具的纵横向进给运动的驱动，电动机为不调速的笼型异步电动机，采用直接起动方式，主轴采用机械变速。

(2) 为了车削螺纹，主轴要求能正反转。一般车床主轴正反转由拖动电动机正反转来实现；当主拖动电动机的功率较大时，主轴的正反转则靠摩擦离合器来实现，电动机只能作单向旋转。正反转采用机械换向机构。

(3) 在车削加工时，为防止因刀具和工件的温升过高而造成刀具的损坏，需要增加一台冷却泵。它与主电动机在起动顺序上分先后。应在主电动机起动后起动，冷却电动机为单方向旋转。

(4) 一般中小型车床的主轴电动机均采用直接起动方式和连续工作状态。当电动机功率较大时，常用 Y-△减压起动。停车时为快速停车，一般采用机械制动。

(5) 为实现溜板箱的快速移动，由单独的快速移动电动机 M3 拖动，采用点动控制。

(6) 控制电路应有必要的保护措施与安全的局部照明电路。

任务二　CA6140 型车床的电气控制工作原理分析

一、机床电气原理图的识读

机床电气原理图的识读步骤如下。

1. 阅读相关技术资料

在识读机床电气原理图之前，应阅读相关的技术资料，对设备有一个总体的了解，为阅读设备的电气原理图做准备。阅读的主要内容有：设备的基本结构、运行情况、工艺要求和操作方法；设备机械、液压系统的基本结构、原理以及与电气控制系统的关系；相关电器的安装位置和在控制电路中的作用；设备对电力拖动的要求，对电气控制和保护的一些具体要求。

2. 识读主电路

电气原理图主电路的识读按从左到右的顺序看由几台电动机组成。每台电动机的通电情况通常从下往上看，即从电气设备(电动机)开始，经控制元器件依次到电源，弄清电源是经过哪些电气元器件到达用电设备的。按以下 4 步进行。

(1) 看电路及设备的供电电源。

(2) 分析主电路共用了几台电动机，并了解各电动机的功能。

(3) 分析各台电动机的工作状况(如起动、制动方式、正反转、有无调速等)及它们的制约关系。

(4) 了解电动机经过哪些控制电路到达电源(如刀开关、交流接触器主触点等)，与这些器件有关联的部分各处在图上哪个区域，各台电动机相关的保护电器(如熔断器、热继电器、自动开关中的脱扣器等)有哪些。

3. 识读控制电路

电气原理图控制电路的识读是在熟悉电动机控制电路基本环节的基础上，按照设备的工艺要求和动作顺序，分析各个控制环节的工作原理和工作过程，并根据设备的电气控制和保护要求，结合设备的机、电、液系统的配合情况，分析各环节之间的联系及工作过程，纵观整个电路，看清有哪些保护环节。

一般按以下 3 个步骤进行。

(1) 弄清控制电路的电源电压。

(2) 按布局顺序从左到右依次搞清楚辅助电路各条支路如何控制主电路，了解电路中常用的继电器、接触器、位置开关、按钮等电器的用途，分析动作原理以及对主电路的控制关系。

(3) 分析出控制电路的动作过程，结合主电路有关元器件对控制电路的要求进行分析。

4. 识读辅助电路

辅助电路即电气原理图中的其他电路，如检测电路、信号指示电路、照明电路等。

经过化整为零的方法分析后，还应纵观全局，再进行集零化整，看有没有遗漏的地方。

二、车床的电气控制电路原理图绘制原则

1. 车床的电气控制电路原理图绘制原则

(1) 图中所有的元器件都应采用国家统一规定的图形符号和文字符号。

(2) 电气原理图的组成：电气原理图由主电路和辅助电路组成。

(3) 原理图中电气元器件的画法要注意元器件的不同部件根据需要可画在不同的地点。

(4) 电气原理图中电气触点的画法要注意是未受外力或未得电时的状态。

(5) 原理图的布局可采用横向或纵向的方式。

(6) 线路连接点、交叉点的绘制要用黑点表示。

(7) 原理图的绘制要层次分明，各电气元器件及触点的安排要合理，既要做到所用元器件、触点最少，耗能最少，又要保证电路运行可靠，节省连接导线以及安装、维修方便。

2. 关于电气原理图图面区域的划分

为了便于确定原理图的内容和组成部分在图中的位置，常在图纸上分区。竖边用大写英文字母编号，横边用阿拉伯数字编号。

3. 继电器、接触器触头位置的索引

电气原理图中，在继电器、接触器线圈的下方注有该继电器、接触器相应触点所在图中位置的索引代号，索引代号用图面区域号表示。

4. 电气图中技术数据的标注

电气图中各电气元器件和型号，常在电气原理图中电气元器件文字符号下方标注出来。

三、CA6140 型普通车床的电气控制电路原理及分析

CA6140 型普通车床的电气控制电路原理如图 5.3 所示，其工作原理分析如下。

1. 主电路分析

主电路中共有 3 台电动机：M1 为主轴电动机，带动主轴旋转和刀架作进给运动；M2 为冷却泵电动机；M3 为刀架快速移动电动机。

三相交流电源由空开 QF 引入。

主轴电动机 M1、冷却泵电动机 M2、快速移动电动机 M3 均采取直接起动，分别由接触器 KM1、中间继电器 KA1、中间继电器 KA2 来控制其起动和停止。

主轴电动机 M1 采用热继电器 FR1 作过载保护，采用熔断器 FU1 作短路保护。

冷却泵电动机 M2 采用热继电器 FR2 作过载保护。

快速移动电动机 M3 因为是间歇短时运行，故不需要热继电器进行过载保护。

主电路如图 5.4 所示。

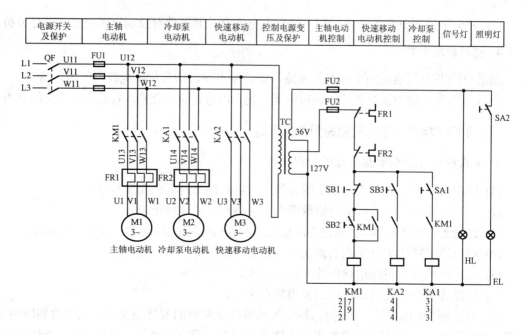

图 5.3　普通卧式车床电气控制原理图

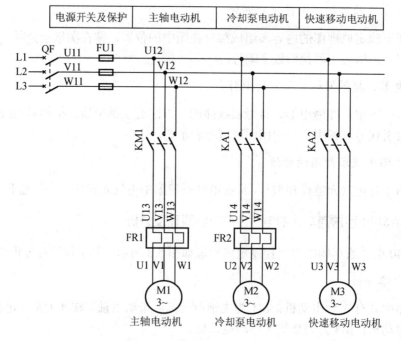

图 5.4　CA6140 型车床主电路

2. 控制电路分析

控制电路电源：通过控制变压器 TC 输出 127V 交流电压供电，采用熔断器 FU2 作短路保护。

主轴电动机 M1 控制：按下按钮 SB2，接触器 KM1 通电吸合，主电路上 KM1 的 3 个常开主触头闭合，主轴电动机 M1 转动；同时 KM1 的一个常开辅助触头闭合，进行自锁，保证松开按钮 SB2 后主轴电动机 M1 仍能连续运行。按下停止按钮 SB1，接触器 KM1 断电释放，主轴电动机 M1 停止。

快速移动电动机 M3 控制：按下按钮 SB3，中间继电器 KA2 通电吸合，KA2 的 3 个常开主触头闭合，快速移动电动机 M3 旋转，由溜板箱的十字手柄控制方向，实现刀架的快速移动。松开按钮 SB3，中间继电器 KA2 断电释放，快速移动电动机 M3 停止，刀架停止移动。

冷却泵电动机 M2 控制：主轴电动机 M1 起动后，KM1 常开辅助触头吸合，使转换开关 SA1 闭合，中间继电器 KA1 才能通电吸合，冷却泵电动机 M2 带动冷却泵旋转。当主轴电动机 M1 停止时，KM1 常开辅助触头断开，中间继电器 KA1 断电释放，冷却泵电动机 M2 停止旋转。

控制电路如图 5.5 所示。

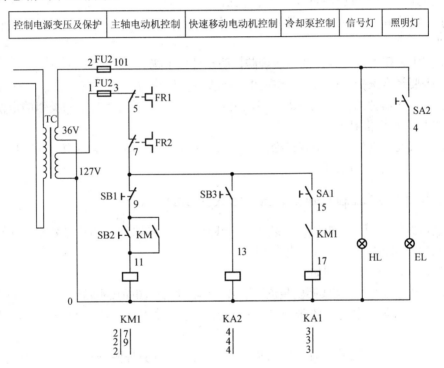

图 5.5   CA6140 型车床控制电路

3．指示及照明电路分析

指示灯 HL 和照明灯 EL 由控制变压器 TC 直接输出 36V 交流电压供电，采用熔断器 FU2 作短路保护，其中照明灯由开关 SA2 控制其接通与断开。

4．保护和联锁电路分析

KM1 常开辅助触头实现了主轴电动机 M1 和冷却泵电动机 M2 的顺序起动和联锁保护。热继电器 FR1 和 FR2 的常闭触头串联在控制电路中，当主轴电动机 M1 或冷却泵电动机 M2 过载时，热继电器 FR1 和 FR2 的常闭触头断开，控制电路断电，接触器和中间继电器均断电释放，所有电动机停止旋转，实现了过载保护。接触器 KM1、中间继电器 KA1 可实现失压和欠压保护。

你能画出一种简单的车床电气控制电路吗？

任务三　CA6140 型车床的电气控制电路板的制作

一、车床的电气控制电路电气元器件布置图的绘制

电气元器件布置图用来表明电气原理图中各元器件的实际安装位置，可视电气控制系统复杂程度采取集中绘制或单独绘制。

电气元器件的布置应注意以下几个方面。

(1) 体积大和较重的电气元器件应安装在控制板的下方，而发热元器件应安装在控制板的上面。

(2) 强电、弱电应分开，弱电应屏蔽，防止外界干扰。

(3) 需要经常维护、检修、调整的电气元器件安装位置不宜过高或过低。

(4) 电气元器件的布置应考虑整齐、美观、对称。外形尺寸与结构类似的电器安装在一起，以利于安装和配线。

(5) 电气元器件的布置不宜过密，应留有一定间距。如果用走线槽，则应加大各排电器间距，以利于布线和维修。

二、车床的电气控制电路电气元器件接线图的绘制

安装接线图主要用于电器的安装接线、线路检查、线路维修和故障处理，通常接线图与电气原理图和元器件布置图一起使用。

电气接线图的绘制原则如下。

(1) 各电气元器件均按实际安装位置绘出，元器件所占图面按实际尺寸以统一比例绘制。

(2) 一个元器件中所有的带电部件均画在一起，并用点划线框起来，即采用集中表示法。

(3) 各电气元器件的图形符号和文字符号必须与电气原理图一致，并符合国家标准。

(4) 各电气元器件上凡是需接线的部件端子都应绘出，并予以编号，各接线端子的编号必须与电气原理图上的导线编号相一致。

(5) 绘制安装接线图时，走向相同的相邻导线可以绘成一股线。

三、车床的电气控制电路板的制作

1. 工具、仪表、器材及元器件

1) 工具

测试笔、螺钉旋具、斜口钳、尖嘴钳、剥线钳、电工刀等。

2) 仪表

兆欧表、万用表、钳形电流表。

3) 器材

(1) 控制板一块(包括所用的低压电气元器件)。

(2) 导线及规格：主电路导线由电动机容量确定；控制电路一般采用截面面积为 $1mm^2$ 的铜芯导线(BV)；按钮线一般采用截面积为 $0.75\ mm^2$ 的铜芯线(RV)；要求主电路与控制电路导线的颜色必须有明显的区别。

(3) 备好编码套管。

CA6140 型车床所需元器件见表 5-1。

表 5-1　CA6140 型车床元器件明细表

代号	名称	型号及规格	数量	用途	备注
M1	主轴电动机	Y132M-4-B3，7.5kW，1450r/min	1	主传动	
M2	冷却泵电动机	JCB-22 125W，220V/380V，1440r/min	1	输送冷却液	
M3	快速移动电动机	AOS5634，250W，1360r/min	1	溜板快速移动	
FR1	热继电器	JR10-10	1	M1 过载保护	
FR2	热继电器	JR10-10	1	M2 过载保护	
KM	交流接触器	CJ10-10，线圈电压 127V	1	控制 M1	
KA1	中间继电器	JZ7-44，线圈电压 127V	1	控制 M2	
KA2	中间继电器	JZ7-44，线圈电压 127V	1	控制 M3	
SB1	按钮	LAY3-01ZS/1	1	M1 停止	
SB2	按钮	LAY3-10/3.11	1	M1 起动	
SB3	按钮	LA9	1	M3 起动	
SA1	转换开关	LAY3-10X/2	1	控制 M2	
SA2	转换开关	LAY3-10X/2	1	控制信号灯	
HL	信号灯	ZSD-0.6V	1	刻度照明	
QF	断路器	AM2-40，20A	1	电源开关	
TC	控制变压器	JBK2-100，380V/127V/36V	1	控制、照明	
EL	机床照明灯	JC11	1	工作照明	
FU1	熔断器	BZ001，熔体 6A	3	短路保护	
FU2	熔断器	BZ001，熔体 1A	2	短路保护	
XT	接线端子		1		

2. 安装步骤及工艺要求

1) 选配并检验元器件和电气设备

(1) 按表 5-1 配齐电气设备和元器件，并逐个检验其规格和质量。

(2) 根据电动机的容量、线路走向及要求和各元器件的安装尺寸，正确选配导线的规格和数量、接线端子板、控制板和紧固件等。

2) 安装元器件

在控制板上固定卡轨和元器件，并做好与原理图相同的标记。

3) 布线

按照接线图在控制板上进行板前明线布线，应做到横平竖直，排列整齐匀称、安装牢固，并在导线端部套上编码套管，号码与原理图一致。导线的走向要合理，尽量不要有交叉和架空。

4) 自检

(1) 根据电路图检查电路的接线是否正确，是否有压绝缘和漏接的地方。

(2) 检查热继电器的整定值和熔断器中熔体的规格是否符合要求。

(3) 检查电动机及线路的绝缘电阻。

(4) 检查电动机的安装是否牢固，与生产机械传动装置的连接是否可靠。

(5) 清理安装现场。

5) 通电试车

(1) 接通电源，点动控制各电动机的起动，以检查各电动机的转向是否符合要求。

(2) 先空载试车，正常后方可接上电动机试车。空载试车时，应认真观察各电气元器件、线路、电动机及各传动装置的工作是否正常。若发现异常，应立即切断电源进行检查，待调整或修复后方可再次通电试车。

6) 注意事项

(1) 电动机和线路的接地要符合要求。

(2) 接线时导线不允许有接头。

(3) 试车时，要先合上电源开关，后按起动按钮；停车时要先按停止按钮，后断电源开关。

(4) 通电试车必须在指导教师的监护下进行，必须严格遵守安全操作规程。

四、CA6140 型车床电气控制电路板制作考核要求及评分标准

评分标准见表 5-2。

表 5-2　CA6140 型车床电气控制电路板制作考核要求及评分标准

测评内容	配分	评分标准		操作时间	扣分	得分
绘制电气元器件	10	绘制不正确	每处扣 2 分	20min		
安装元器件	20	1. 不按图安装 2. 元器件安装不牢固 3. 元器件安装不整齐、不合理 4. 损坏元器件	扣 5 分 每处扣 2 分 每处扣 2 分 扣 10 分	20min		
布线	50	1. 导线截面选择不正确 2. 不按图接线 3. 布线不合要求 4. 接点松动，露铜过长，螺钉压绝缘层等 5. 损坏导线绝缘或线芯 6. 漏接接地线	扣 5 分 扣 10 分 每处扣 2 分 每处扣 1 分 每处扣 2 分 扣 5 分	60min		
通电试车	20	1. 第一次试车不成功 2. 第二次试车不成功 3. 第三次试车不成功	扣 5 分 扣 5 分 扣 5 分	20min		

续表

测评内容	配分	评分标准		操作时间	扣分	得分
安全文明操作		违反安全生产规程　　　　扣 5～20 分				
定额时间(3h)	开始时间( )	每超时 2min 扣 5 分				
	结束时间( )					
合计总分						

任务四　CA6140 型车床的电气控制电路常见故障诊断与维修

一、机床电气设备故障维修的一般要求

(1) 采取的维修步骤和方法必须正确，切实可行。

(2) 不得损坏完好的电气元器件。

(3) 不得随意更换电气元器件及连接导线的型号规格。

(4) 不得擅自改动线路。

(5) 损坏的电气装置应尽量修复使用，但不得降低其固有的性能。

(6) 电气设备的各种保护性能必须满足使用要求。

(7) 绝缘电阻合格，通电试车能满足电路的各种功能，控制环节的动作程序符合要求。

(8) 修理后的电器装置必须满足其质量标准要求。

二、机床电气设备维修的一般方法

电气设备的维修包括日常维护保养和故障检修两方面。

1. 电气设备的日常维护和保养

电气设备的日常维护和保养一般包括日常维护、定期维护和设备保养等内容。

2. 电气故障检修的一般方法和步骤

检修前的故障调查 ⇒ 确定故障范围 ⇒ 查找故障点 ⇒ 排除故障 ⇒ 通电试车

通常使用万用表检测故障，用万用表检测故障最为方便，常用方法有以下两种。

1) 电压测量法

使用万用表的交流电压挡逐级测量控制电路中各种电器的输出端(闭合状态)电压，往往可迅速查明故障点。电压测量法分为电压分阶测量法、电压分段测量法。

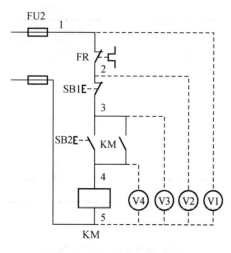

图 5.6　电压分阶测量法

(1) 电压分阶测量法如图 5.6 所示。

电压分阶测量法的操作步骤如下。

① 将万用表的转换开关置于交流挡 500V 量程。

② 接通控制电路电源。

③ 检查电源电压。将黑表笔接到图 5.6 中的端点 5 上，再用红表笔去测量端点 1，若端点 1 无电压或电压异常，说明电源部分有故障，可检查控制电源变压器及熔断器等。若端点 1 的电压正常，则可继续按以下步骤操作。

④ 按下按钮 SB2，若 KM 正常吸合并自锁，说明该控制回路无故障，应顺序检查其主电路；若 KM 不能吸合或自锁，则应继续按以下步骤操作。

⑤ 用红表笔测量端点 2，若所属电压值与电源电压不相符，一般可考虑是触点或引线接触不良；若无电压，则应检查热继电器是否已动作，必要时还应排除主电路中导致热继电器动作的原因。

⑥ 用红表笔测量端点 3，若无电压，一般可考虑按钮 SB1 未复位或接线松脱。

⑦ 最后按住按钮 SB2 来测量端点 4，若无电压，一般可考虑触点接触不良或接线松脱；若电压值正常，则应考虑接触器 KM 可能有内部开路故障。

(2) 电压分段测量法见表 5-3。

表 5-3　电压分段测量法

故障现象	测量线路及状态	5-6	6-7	7-0	故障点	排除方法
在 FR 正常情况下，按下按钮 SB2，KM 不吸合		110	0	0	SB1 接触不良或接线脱落	更换 SB1 或将脱落线接好
		0	110	0	SB2 接触不良或接线脱落	更换 SB2 或将脱落线接好
		0	0	110	KM 线圈开路或接线脱落	更换线圈或将脱落线接好

2) 电阻测量法

电压测量法虽然使用起来既方便又准确，但必须带电操作，而且不适用于耗电元器件。而电阻测量法正好弥补它的不足，其方法如图 5.7 所示。其中电阻测量法也有电阻分阶测量法和电阻分段测量法两种。下面以电阻分段测量法为例介绍电阻测量法。

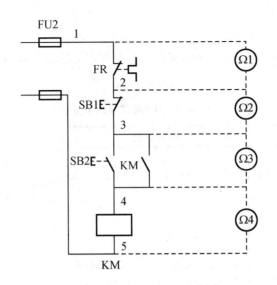

图 5.7 电阻分段测量法

电阻分段测量法的操作步骤如下。

(1) 将万用表的转换开关置于电阻挡的适当量程上。

(2) 断开被测电路的电源。

(3) 断开被测电路与其他电路并联的连线。

(4) 用两支表笔分别接触端点 1 和 2。若阻值无穷大，说明热继电器已动作断开或是接线松脱。

(5) 用两支表笔分别接触端点 2 和 3。若阻值无穷大，说明 SB1 复位不良或是接线松脱。

(6) 用两支表笔分别接触端点 3 和 4。当按下按钮 SB2 时，两点间的阻值应为零；松开按钮 SB2 后，两点间的阻值应为无穷大。

(7) 对于接触器线圈这类耗电元器件，其进出线两端点间的阻值应与该电器铭牌上标注的阻值相符。若实测阻值偏大，则说明内部出现接触不良；若实测阻值偏小或为零，则说明内部的绝缘损坏甚至被击穿。

实际操作过程中，往往将两种方法结合起来运用，能迅速查出故障点，然后根据检测的结果排除故障。

此外，故障检查方法还有观察法、校验灯法、验电笔法以及局部短接检查法等。

三、CA6140 型车床控制电路常见故障检修

1. 工具

试电笔、电工刀、尖嘴钳、斜口钳、螺钉旋具、活扳手等。

2. 仪表

万用表、兆欧表、钳形电流表。

3. 机床

CA6140 型车床或 CA6140 型车床实训考核装置常见故障现象、故障原因及处理方法见表 5-4。

表 5-4　CA6140 型车床常见故障及处理方法

故障现象	故障原因	处理方法
主轴电动机 M1 起动后不能自锁，即按下按钮 SB2，M1 起动运转，松开按钮 SB2，M1 随之停止	接触器 KM 自锁触头接触不良或连接导线松脱	合上 QF(KM1 自锁触头 12～15)两端的电压，若电压正常，故障是连线 12～15 断线或松脱
主轴电动机 M1 不能停止	KM 主触头熔焊；停止按钮 SB1 被击穿或线路中的两点连接导线短路；KM 不能脱开	断开 QS1，若 KM1 释放，说明故障是停止按钮 SB1 被击穿或导线短路；若 KM1 过一段时间释放，则故障为铁心端面被油污粘牢；若 KM1 不释放，则故障为 KM1 主触头熔焊，可根据情况采取相应的措施修复
主轴电动机运行中停车	热继电器 FR1 动作，动作原因可能是电源电压不平衡或过低；整定值偏小；负载过重，连接导线接触不良	找出 FR1 动作的原因，排除后使其复位
照明灯 EL 不亮	灯泡损坏；FU 熔断；SA 触头不良；TC 二次绕组断线或接头松落	根据具体情况采取相应的措施修复

4. 车床考核实训装置故障现象说明

(1) TC 36V 副边线圈断开，HL 不亮(电源指示不亮)。

(2) FU2 保险丝断开，HL 不亮(电源指示不亮)。

(3) TC 127V 副边线圈断开，KM1、KA1、KA2 未通电，主轴电动机 M1、冷却泵电动机 M2、快速移动电动机 M3 不转。

(4) FU2 保险丝断开，KM1、KA1、KA2 未通电，主轴电动机 M1、冷却泵电动机 M2、快速移动电动机 M3 不转。

(5) FR1 常闭触点断开，KM1、KA1、KA2 未通电，主轴电动机 M1、冷却泵电动机 M2、快速移动电动机 M3 不转。

(6) FR2 常闭触点断开，KM1、KA1、KA2 未通电，主轴电动机 M1、冷却泵电动机 M2、快速移动电动机 M3 不转。

(7) SB1 按钮开关常闭触点断开，KM1 未通电，主轴电动机 M1 不转。

(8) SB2 按钮开关常开触点断开，KM1 未通电，主轴电动机 M1 不转。

(9) KM1 接触器辅助常开触点断开，自锁回路断开，按钮放开，KM1 不通电，主轴电动机 M1 不转。

(10) SA2 断开，EL 不亮(照明不亮)。

(11) SB3 按钮开关常开触点开路，点动按钮 SB3 失效。

(12) KM1 接触器辅助常开触点断开，KA1 线圈不通电，冷却泵电动机 M2 不转。

(13) SA1 断开，KA1 线圈不通电，冷却泵电机 M2 不转。

(14) KM1 线圈断开(器件故障 1)。

(15) KA2 线圈断开(器件故障 2)。

(16) KA1 线圈断开(器件故障 3)。

(17) HL 断开(器件故障 4)。

(18) EL 断开(器件故障 5)。

四、CA6140 型车床电气控制电路故障检修考核要求及评分标准

评分标准见表 5-5。

表 5-5　CA6140 型车床电气控制电路故障检修考核要求及评分标准

序号	考核内容	考核要求	评分标准	配分	扣分	得分
1	按下起动按钮 SB2，M1 起动运转；松开按钮 SB2，M1 随之停止不能起动	分析故障范围，确定故障点并排除故障	(1) 不能确定故障范围，扣 10 分 (2) 不能找出原因，扣 5 分 (3) 不能排除故障，扣 10 分	25 分		
2	主轴电动机运行中停车	分析故障范围，确定故障点并排除故障	(1) 不能确定故障范围，扣 10 分 (2) 不能找出原因，扣 5 分 (3) 不能排除故障，扣 10 分	25 分		
3	按下按钮 SB3，刀架快速移动，电动机不能起动	分析故障范围，确定故障点并排除故障	(1) 不能确定故障范围，扣 10 分 (2) 不能找出原因，扣 5 分 (3) 不能排除故障，扣 10 分	25 分		
4	机床照明灯不亮	分析故障范围，确定故障点并排除故障	(1) 不能确定故障范围，扣 10 分 (2) 不能找出原因，扣 5 分 (3) 不能排除故障，扣 10 分	25 分		
5	安全文明生产	按生产规程操作	违反安全文明生产规程，扣 10～30 分			
6	定额工时	4h	每超时 5min(不足 5min 以 5min 计)扣 5 分			
起始时间			合计	100 分		
结束时间			教师签字	年　月　日		

知识拓展

　　在许多生产机械中，为了保证操作过程的合理和工作的安全可靠，电动机需要按一定的顺序起动或停止，如传送带要求第一台电动机起动后，第二台电动机才可以起动，第二台电动机起动后第三台电动机才可以起动，而且要求逆序停止。图 5.8 所示为常用传送带。

图 5.8　常用传送带

在车床控制电路中,车床控制的最大特点是主轴电动机和冷却泵电动机实现顺序控制,也就是在主轴电动机起动后才允许起动冷却泵电动机输出冷却液用来冷却刀具和工件。铣床主轴旋转以后,工作台方可移动等,都要求电动机有顺序地起动。这种要求一台电动机起动后才能起动第二台电动机的控制方式称为电动机的顺序控制。那么顺序控制是如何实现的呢?下面来分析两台电动机顺序控制的实现原理。

1. 电路的组成

两台电动机顺序起动控制电路主要由刀开关、熔断器、接触器、热继电器和控制按钮组成,如图 5.9 所示。

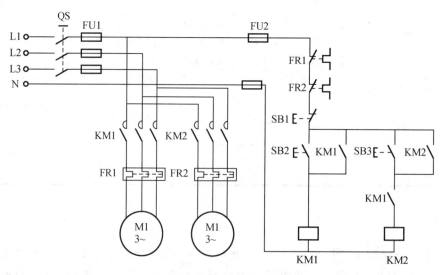

图 5.9　两台电动机顺序控制电路

2. 工作原理

图 5.9 所示是将主轴电动机接触器 KM1 的常开触点串入冷却泵电动机接触器 KM2 的

线圈电路中来实现的，其工作过程如下。

(1) 接通电源，合上 QS。

(2) 电动机 M1 先起动：按下按钮 SB2，KM1 线圈通电，KM1 主触点闭合，同时 KM1 的常开辅助触点闭合自锁，M1 起动并连续运行。

(3) 电动机 M2 后起动：在 M1 运行状态下，按下按钮 SB3，KM2 线圈通电，KM2 主触点闭合，同时 KM2 的常开辅助触点闭合自锁，M2 起动并连续运行。

(4) 电动机 M1、M2 同时停车。在 M1、M2 同时运行的状态下，按下按钮 SB1，KM1、KM2 的线圈同时失电，KM1、KM2 主触点断开，电动机 M1、M2 停转。

3. 两台电动机顺序控制典型案例

图 5.10 为顺序控制电路，其中图 5.10(a)为主电路，图 5.10(b)、图 5.10(c)、图 5.10(d) 为控制电路。

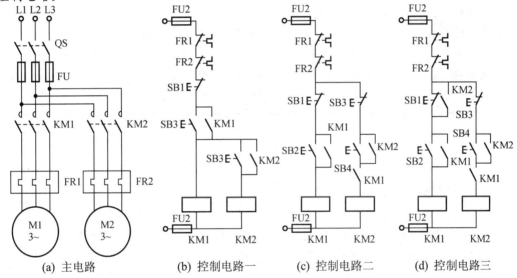

(a) 主电路　　　(b) 控制电路一　　　(c) 控制电路二　　　(d) 控制电路三

图 5.10　顺序控制电路

图 5.10(b)所示电路为电动机顺序起动、同时停止的控制电路。电动机 M2 的控制电路并联在接触器 KM1 的线圈两端，再与 KM1 自锁触点串联，从而保证了只有 KM1 得电吸合，电动机 M1 起动后，KM2 线圈才能得电，M2 才能起动，以实现 M1 先起动、M2 后起动的控制要求。停止时 M1、M2 同时停止。

图 5.10(c)所示电路为电动机顺序起动、同时停止或单独停止的控制电路。在电动机 M2 的控制电路中串接了 KM1 的常开辅助触点，只要 KM1 线圈不得电，M1 不起动，即使按下按钮 SB4，由于 KM1 的常开辅助触点未闭合，KM2 线圈不能得电，从而保证 M1 起动后，M2 才能起动的控制要求。停机无顺序要求，按下按钮 SB1 为同时停机，按下按钮 SB3 为单独停机。

图 5.10(d)所示电路为电动机顺序起动、逆序停止的控制电路。在 SB1 的两端并联了接触器 KM2 的常开辅助触点，从而实现 M1 起动后，M2 才能起动；M2 停转后，M1 才能停转的控制要求。

顺序控制规律

规律一：当要求甲接触器工作后才允许乙接触器工作时，则在乙接触器线圈电路串入甲接触器的常开触点。

规律二：当要求乙接触器线圈断电后才允许甲接触器线圈断电时，则将乙接触器的常开触点并联在甲接触器的停止按钮两端。

项 目 小 结

本项目主要介绍了机床电气控制图读图方法、CA6140 型车床的基本结构组成、工作原理及工作分析，电气原理图、元器件布置图及安装接线图的绘制原则，安装接线工艺要求，介绍了 CA6140 型车床电气控制电路板的制作过程、机床电气控制常用检修方法、CA6140 型车床的电气控制常见故障及处理方法，并给出了具体的任务考核方法。重点应掌握 CA6140 型车床电气控制常见故障及处理方法。

习　题

一、选择题

1. 下列哪种检查电路的方法是要求断电后进行的？（　　）
   A. 电压检查法　　　B. 电阻检查法　　　C. 短接检查法　　　D. 电压和电阻检查法
2. PLC 改造的目的是 PLC 控制比传统控制（　　）。
   A. 可靠性高　　　B. 价格便宜　　　C. 加工精度高　　　D. 接线复杂
3. S7-200PLC 的编程语言有（　　）。
   A. 梯形图　　　B. 语句表　　　C. 功能块图　　　D. 语言

二、判断题

1. PLC 的工作方式与继电器控制系统一样是采用"并行"方式工作的。　　　（　　）
2. 系统程序是由 PLC 生产厂家编写的，固化到 RAM 中。　　　（　　）
3. PLC 中的存储器是一些具有记忆功能的半导体电路。　　　（　　）

三、简答题

1. CA6140 型车床电气控制的特点有哪些？
2. 叙述 CA6140 型车床电气控制电路的工作原理。
3. CA6140 型车床在车削过程中，若有一个控制主轴电动机的接触器主接触点接触不良，会出现什么现象？如何解决？
4. 在 CA6140 型车床电器控制电路中，为什么未对 M3 进行过载保护？
5. CA6140 型车床电路具有完善的保护环节，其主要包括哪几个方面？

6. CA6140 型车床主轴电动机 M1 如不能起动，试分析其故障原因。

7. CA6140 型车床主轴电动机 M1 起动后不能自锁，试分析其故障原因。

8. CA6140 型车床电动机 M1 如不能停转，试分析其故障原因。

9. CA6140 型车床电动机如主轴电动机在运行中突然停转，试分析其原因。

10. CA6140 型车床电动机如刀架快速移动电动机 M3 不能起动，试分析其原因。

项目六

磨床电气控制与维修

本项目首先明确磨床电气控制与维修的工作任务，接着介绍磨床电气控制原理，然后介绍制作磨床电气控制电路板，最后介绍磨床电气控制电路板的调试与故障诊断。通过本项目的学习应该达到的目标如下。

▼ 项目目标

知识目标	1. 了解生产机械电气控制电路的读图方法 2. 掌握磨床电气控制电路的分析方法和分析步骤、工作原理以及机械、液压与电气控制配合的关系，组成电气线路的一般规律、保护环节以及电气控制电路的操作方法 3. 掌握磨床的电气控制电路常见故障检修方法
能力目标	1. 绘制电气原理图、元器件布置图及安装接线图 2. 按图接线 3. 安装、调试典型设备 4. 查找、排除故障 5. 磨床电气控制与维修

▼ 重难点提示

重　点	磨床电气控制电路板制作与维修及常见电气故障诊断方法
难　点	磨床工作台的电磁吸盘工作原理

任务一 初步认识磨床

磨床是用砂轮对工件的表面进行磨削加工的一种精密机床。磨床的种类很多，按其工作性质可分为外圆磨床、内圆磨床、平面磨床、工具磨床以及一些专用磨床，其中尤以平面磨床的应用最为普遍。平面磨床也分为 4 种基本类型：立轴矩台平面磨床，卧轴矩台平面磨床，立轴圆台平面磨床，卧轴圆台平面磨床。常用磨床如图 6.1 所示。

(a) 万能磨床

(b) 重型龙门刨铣磨床

(c) 数控伺服阀套磨床

(d) 立式万能数控磨床

图 6.1 常用磨床

下面以 M7130 型卧轴矩台平面磨床为例对磨床进行介绍。

任务二 M7130 型卧轴矩台平面磨床的电气控制工作原理分析

一、磨床电气控制电路原理路的读图方法

1. 阅读相关技术资料

阅读相关资料的内容可了解以下内容。

1) 磨床的结构

M7130 型卧轴矩台平面磨床是利用砂轮圆周进行磨削加工平面的磨床，主要由床身、工作台、电磁吸盘、砂轮箱(又称磨头)、滑座和立柱等组成，如图 6.2 所示。

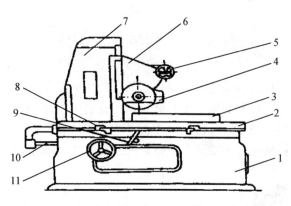

图 6.2　M7130 型卧轴矩台平面磨床的结构示意图

1—床身；2—工作台；3—电磁吸盘；4—砂轮箱；5—砂轮箱横向移动手轮；6—滑座；7—立柱；
8—工作台换向撞块；9—工作台往复运动换向手柄；10—活塞杆；11—砂轮箱垂直进刀手柄

2) 磨床的运动形式

磨床的运动形式有主运动和进给运动两种。砂轮的快速旋转是平面磨床的主运动；进给运动包括垂直进给(滑座在立柱上的上、下运动)、横向进给(砂轮箱在滑座上的水平移动)、纵向进给(工作台沿床身的往复运动)。当工作台反向运动时，砂轮箱横向进给一次，能连续加工整个平面。当整个平面磨完一遍后，砂轮在垂直于工件表面的方向进给一次，称为吃刀运动。通过吃刀运动可将工件磨到所需的尺寸。

2. 对电力拖动与控制的要求

在 M7130 型卧轴矩台平面磨床砂轮箱内有一台电动机带动砂轮作旋转运动。砂轮的旋转一般不需要较大的调速范围，所以采用三相交流异步电动机拖动。为了做到体积小、结构简单且能提高加工精度，采用了装入式的电动机，将砂轮直接装在电动机轴上。因为考虑到砂轮磨钝以后要用较高转速从砂轮工作表面上削去一层磨料，使砂轮表面上露出新的锋利磨粒，以恢复砂轮的切削力(称之为对砂轮进行修正)，所以对于这种磨床，砂轮用双速电动机带动。

长方形的工作台装在床身的水平纵向导轨上做往复直线运动。为使运行过程中换向平稳和容易调整运行速度，采用液压传动。液压电动机拖动液压泵，工作台在液压作用下做纵向运动。在工作台的前侧装有两个可调整位置的换向撞块，在每个撞块碰撞床身上的液压换向开关后，将改变工作台的运动方向，这样来回换向就可使工作台往复运动，也可用手轮来操作实现砂轮横向的连续与断续进给。

为了在磨削加工中对工件进行冷却，磨床上装有冷却泵电动机，它拖动冷却泵施转，以提供冷却液。

另外对工件的固定可采用螺钉和压板，也可在工作台上安装电磁吸盘，将工件通过电磁吸盘吸住工件。

基于上述拖动特点，对其电力拖动及控制有如下要求。

(1) 砂轮电动机 M1：要求单方向旋转，无调速要求。

(2) 冷却泵电动机 M3：为了减少磨削加工时工件的热变形，需采用冷却液冷却；冷却泵电动机与砂轮电动机具有顺序联锁关系，即只有起动砂轮电动机后，才能开动冷却泵电动机。冷却泵电动机随砂轮电动机运转而运转，在冷却泵电动机不需要时，可单独断开。

(3) 液压泵电动机 M2：为了保证加工精度，减小往复运动产生的惯性冲击，采用液压传动。

(4) 具有电磁吸盘吸持工件、松开工件，并使工件去磁的控制环节。

(5) 保证在使用电磁吸盘正常工作时和不使用电磁吸盘在调整机床工作时都能开动机床各电动机。但在使用电磁吸盘的工作状态时，必须保证电磁吸盘吸力足够大，才能开动机床各电动机。设有短路保护、过载保护、零压保护和电磁盘的欠流保护和过电压保护。

(6) 必要的照明与指示信号。

上述 3 台电动机只需单方向旋转，都没有调速要求，因此全部选用笼型异步电动机，采用全压起动。

3. 识读主电路

识读主电路分为以下 4 步进行。

(1) 看电路及设备的供电电源。

(2) 分析主电路共用了几台电动机。

(3) 分析各台电动机的工作状况。

(4) 了解电动机经过哪些控制电路到达电源。

4. 识读控制电路

(1) 弄清控制电路的电源电压。

(2) 按布局顺序从左到右依次搞清控制电路的构成。

(3) 分析控制电路的动作过程。

5. 识读辅助电路

(1) 弄清楚照明与指示信号电路。

(2) 分析各种保护环节。

以上经过化整为零的分析之后，再进行集零化整，总览全局，看有没有遗漏的地方。

你能画出一种简单的磨床电气控制电路吗？

二、M7130 型卧轴矩台平面磨床的电气控制电路原理分析

M7130 型卧轴矩台平面磨床主要由主电路、控制电路、照明及指示灯线路及电磁吸盘控制电路等组成，如图 6.3 所示。下面按线路的几大部分分别对其工作原理及用途作简单介绍。

M7130 型卧轴矩台平面磨床的主电路有 3 台电动机，M1 是砂轮电动机，可带动砂轮旋转起磨削加工工件的作用；M2 电动机做辅助工作，它冷却泵电动机，为砂轮磨削工作起冷却作用；M3 为液压泵电动机，它在工作中起到使工作台往复运动的作用。M1、M2 及 M3 电动机在工作中只要求正转，其中对冷却泵电动机还要求在砂轮电动机转动工作后才能使它工作，否则没有意义。

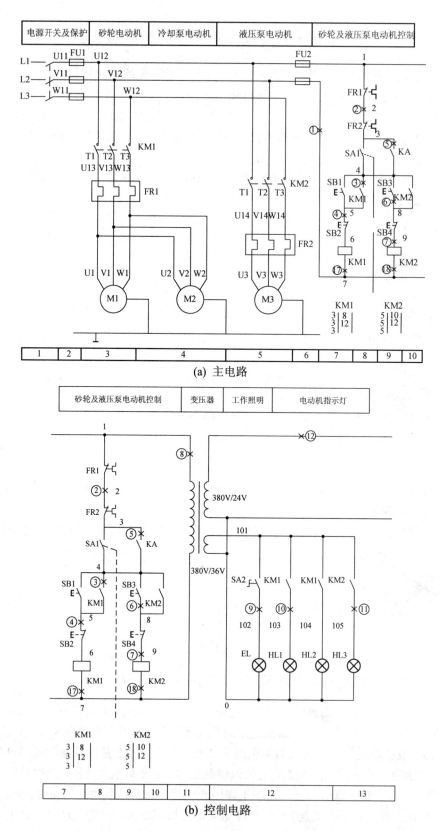

(a) 主电路

(b) 控制电路

图 6.3　M7130 型卧轴矩台平面磨床的电气控制电路原理图

控制电路对 M1、M2、M3 电动机有过载保护和欠压保护能力，由热继电器 FR1、FR2 和欠电流继电器完成保护，而 3 台电动机短路保护则需 FU1 做短路保护。电磁工作台控制电路首先由变压器 T1 进行变压后，再经整流提供 110V 的直流电压，供电磁工作台用，它的保护线路是由欠电流继电器、放电电容和电阻组成的。

M7130 型卧轴矩台平面磨床的工作原理：当 380V 电源正常通入磨床后，线路无故障时，欠电流继电器动作，其常开触点 KI 闭合，为 KM1、KM2 接触器吸合做好准备，当按下按钮 SB1 后，接触器 KM1 的线圈得电吸合，此时砂轮机和冷却泵电动机可同时工作，正向运转。由于接触器 KM1 的吸合，自锁触点自锁使 M1 电动机在松开按钮后继续运行，如工作完毕按下停止按钮，KM1 失电释放，即可使这两台电动机停止工作。

如需液压泵电动机工作时，按下按钮 SB3 后，接触器 KM2 便得电吸合，开始运转，停车时只需按下停止按钮 SB4，M3 便停止运行。

三、M7130 型卧轴矩台平面磨床工作台的电磁工作原理

1. 电磁吸盘的结构原理

电磁吸盘外形有长方形和圆形两种，矩形平面磨床采用长方形电磁吸盘。电磁吸盘在钢质箱内部装有许多铁心，每一个铁心上都绕有一个线圈，线圈通直流电，产生磁力线，经过被加工的零件形成闭合回路，则工件被牢牢地吸住在台面上。

电磁吸盘利用电磁吸力来固定加工工件，与机械加紧方法相比，它具有夹紧迅速，不损伤工件，可同时夹紧多个工件和比较小的工件的特点。在加工过程中，具有工件发热可自由延伸、加工精度高等优点。但也存在夹紧力不及机械夹紧力大，调节不便，需要直流电源供电，不能吸持非磁性材料工件等缺点。

2. 电磁吸盘控制电路

电磁吸盘控制电路由整流装置、控制装置及保护装置等部分组成。

电磁吸盘整流装置由变压器与桥式全波整流器 VC 组成，输出 32V 直流电压对电磁吸盘(实验装置中用指示灯代替)供电。

电磁吸盘集中由转换开关 SA1 控制，SA1 有三个位置：充磁、断电与去磁。当开关位置于"充磁"位置时，触点(14－16)与触点(15－17)接通；当开关置于"去磁"位置时，触点(14－18)、(16－15)及(4－3)接通；开关置于"断电"位置时，SA1 所有触点都断开，对应开关 SA1 各位置，电路工作情况如下：

当 SA1 置于"充磁"位置，电磁吸盘 YH 获得 32V 直流电压，其极性 19 号线为正，16 号线为负，同时欠电流触点 KA(3-4)闭合，电磁吸盘吸力足以将工件吸牢，这时可分别操作按钮 SB1 与 SB3，起动 M1 与 M3 进行磨削加工，加工完成后，按下停止按钮 SB2 与 SB4,M1 与 M3 停止旋转。为便于从吸盘上取下工件，需对工件进行去磁，其方法是将 SA1 扳至"退磁"位置。

当 SA1 扳至"退磁"位置时，电磁吸盘通入反方向电流，并在电路中串入可变电阻 R2，用以限制并调节反向去磁电流的大小，达到既退磁又不致反向磁化的目的。退磁结束将 SA1 扳到"断电"位置，便可取下工件。

电磁吸盘控制电路如图 6.4 所示。

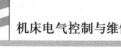
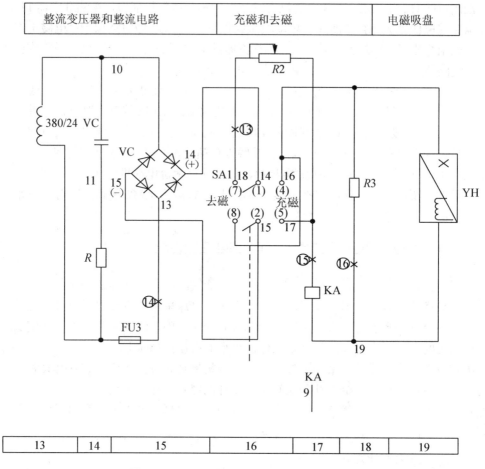

| 整流变压器和整流电路 | | 充磁和去磁 | 电磁吸盘 |

图 6.4　M7130 平面磨床电磁吸盘控制电路

| 13 | 14 | 15 | 16 | 17 | 18 | 19 |

电磁吸盘保护环节：电磁吸盘具有欠电流保护装置、过电压保护装置及短路保护等。

(1) 电磁吸盘的欠电流保护。为防止平面磨床在磨削过程中出现断电事故或吸盘电流减小，致使电磁吸盘失去吸力或吸力减小，造成工件飞出，引起工件损坏或人身事故，故在电磁吸盘线圈电路中串入欠电流继电器 KA。只有当直流电压符合设计要求，吸盘具有足够吸力时，KA 才吸合，触点 KA(3-4)闭合，为起动 M1、M3 进行磨削加工做准备。否则不能开动磨床进行加工；若已在磨削加工中，则 KA 因电流过小而释放，触点(3-4)断开，KM1、KM2 线圈断电，M1、M3 立即停车旋转，避免事故发生。

(2) 电磁吸盘线圈的过电压保护。电磁吸盘匝数多，电感大，通电工作时储有大量磁场能量。当线圈断电时，在线圈两端将产生高电压，若无放电回路，将使线圈绝缘及其他电器设备损坏。为此，在吸盘线圈两端应设置放电装置，以吸收断开电源后放出的磁场能量。该机床电磁吸盘两端并联了电阻 R3，作为放电电阻。

(3) 电磁吸盘的短路保护。在变压器 TC 二次侧或整流装置输出装有熔断器作短路保护。

此时，在整流装置中还设有 R、C 串联支路并联在 TC 二次侧，用以吸收交流电路产生的过电压和直流侧电路通断时在 TC 二次侧产生的浪涌电压，实现整流装置的过电压保护。

四、辅助电路

M7130 型卧轴矩台平面磨床的辅助电路主要由照明变压器 T2、转换开关 SA1、熔断器 FU3 和照明灯 EL 组成。变压器 T2 将 380V 的交流电压降为 36V 的安全电压供给照明电路。

另外，若工件的去磁要求较高，则应取下工件，再在附加的交流去磁器(又名退磁器)上进一步去磁。这时将去磁器插头插在床身的插座 XS2 上，再将工件放到去磁器上来回移动即可去磁。

任务三　M7130 型卧轴矩台平面磨床的电气控制电路板的制作

一、元器件布置图的绘制

电气元器件布置图用来表明电气原理图中各元器件的实际安装位置，可视电气控制系统复杂程度采取集中绘制或单独绘制。

电气元器件的布置应注意以下几方面。

(1) 体积大和较重的电气元器件应安装在控制板的下方，而发热元器件应安装在控制板的上面。

(2) 强电、弱电应分开，弱电应屏蔽，防止外界干扰。

(3) 需要经常维护、检修、调整的电气元器件安装位置不宜过高或过低。

(4) 电气元器件的布置应考虑整齐、美观、对称。外形尺寸与结构类似的电器安装在一起，以利于安装和配线。

(5) 电气元器件的布置不宜过密，应留有一定间距。如果用走线槽，应加大各排电器间距，以利于布线和维修。

二、磨床的电气控制电路元器件接线图的绘制

安装接线图主要用于电器的安装接线、线路检查、线路维修和故障处理，通常接线图与电气原理图和元器件布置图一起使用。

电气接线图的绘制原则如下。

(1) 各电气元器件均按实际安装位置绘出，元器件所占图面按实际尺寸以统一比例绘制。

(2) 一个元器件中所有的带电部件均画在一起，并用点划线框起来，即采用集中表示法。

(3) 各电气元器件的图形符号和文字符号必须与电气原理图一致，并符合国家标准。

(4) 各电气元器件上凡是需接线的部件端子都应绘出，并予以编号，各接线端子的编号必须与电气原理图上的导线编号相一致。

(5) 绘制安装接线图时，走向相同的相邻导线可以绘成一股线。

三、安装、接线、调试运行

1. 训练工具、仪表及器材

1) 工具

测试笔、螺钉旋具、斜口钳、尖嘴钳、剥线钳、电工刀等。

2) 仪表

兆欧表、万用表、钳形电流表。

3) 器材

(1) 控制板一块(包括所用的低压电器元器件)。

(2) 导线及规格：主电路导线由电动机容量确定；控制电路一般采用截面积为 $1mm^2$ 的铜心导线(BV)；按钮线一般采用截面积为 $0.75mm^2$ 的铜心线(RV)；要求主电路与控制电路导线的颜色必须有明显的区别。

(3) 备好编码套管。

M7130 型卧轴矩台平面磨床的电气控制电路板所需元器件见表 6-1。

表 6-1　M7130 型卧轴矩台平面磨床元器件明细表

代号	名称	型号及规格	数量	用途	备注
M1	砂轮电动机	W451-4, 4.5kW, 220V/380V, 1440r/min	1	驱动砂轮	
M2	冷却泵电动机	JCB-22, 125W, 220V/380V, 1440r/min	1	驱动冷却泵输出冷却液	
M3	液压泵电动机	J042-4, 2.8kW, 220V/380V, 1440r/min	1	驱动液压泵	
FR1	热继电器	JR10-10	1	M1 过载保护	
FR2	热继电器	JR10-10	1	M3 过载保护	
KM1	交流接触器	CJ10-10 线圈电压 380V	1	控制 M1、 M2	
KM2	交流接触器	CJ10-10 线圈电压 380V	1	控制 M3	
KI	欠电流继电器	JT3-11L　1.5A	1	保护用	
SB1	按钮	LA2 绿色	1	M1 起动	
SB2	按钮	LA2 红色	1	M1 停止	
SB3	按钮	LA2 绿色	1	M3 起动	
SB4	按钮	LA2 红色	1	M3 停止	
SA1	转换开关	HZ1-10P/3	1	控制照明灯	
SA2	转换开关	HZ1-10P/3	1	控制电磁吸盘	
VC	硅整流器	GZH, 1A, 200V	1	输出直流电压	
YH	电磁吸盘	1.2A, 110V	1	工件夹具	
QS	电源开关	HZ1-25/3	1	电源开关	
T1	整流变压器	BK-400 400V, 220V/145V	1	降压	
T2	照明变压器	BK-50 50V, 380V/16V	1	降压	
EL	机床照明灯	JD3 24V, 40W	1	工作照明	
FU1	熔断器	RL1-60/30　60A, 熔体 30A	3	电源短路保护	
FU2	熔断器	RL1-15/5　15A, 熔体 5A	2	控制电路短路保护	
FU3	熔断器	BLX-15/5　1A	1	照明电路短路保护	
FU4	熔断器	RL1-15/2　15A, 熔体 2A	1	保护电磁吸盘	
XT	接线端子		1	接线过渡	
C	电容器	600V, 5μF		保护用电容	
R1	电阻器	GF, 6W, 125		放电保护电阻	
R2	电阻器	GF, 50W, 1000	1	退磁电阻	

续表

代号	名称	型号及规格	数量	用途	备注
R3	电阻器	GF，50W，500	1	放电保护电阻	
X1	接插器	CYO-36	1	控制 M2 用	
X2	接插器	CYO-36	1	电磁吸盘用	
XS	插座	250V，5A	1	退磁用	
附件	退磁器	TC1TH/H	1	工件退磁用	

2. 安装步骤及工艺要求

(1) 根据原理图绘出电动机正反转控制电路的电气位置图和电气接线图。

(2) 按原理图所示配齐所有电气元器件，并进行检验。

① 电气元器件的技术数据(如型号、规格、额定电压、额定电流)应完整并符合要求，外观无损伤。

② 电气元器件的电磁机构动作是否灵活，有无衔铁卡阻等不正常现象，用万用表检测电磁线圈的通断情况以及各触头的分合情况。

③ 接触器的线圈电压和电源电压是否一致。

④ 对电动机的质量进行常规检查(每相绕组的通断，相间绝缘，相对地绝缘)。

3. 在控制板上按电器位置图安装电气元器件

工艺要求如下。

(1) 组合开关、熔断器的受电端子应安装在控制板的外侧。

(2) 各元器件的安装位置应整齐、匀称、间距合理，便于布线及元器件的更换。

(3) 紧固各元器件时要用力均匀，紧固程度要适当。

4. 按接线图的走线方法进行板前明线布线和套编码套管

板前明线布线的工艺要求如下。

(1) 布线通道尽可能地少，同路并行导线按主、控制电路分类集中，单层密排，紧贴安装面布线。

(2) 同一平面的导线应高低一致或前后一致，不能交叉。非交叉不可时，应水平架空跨越，但必须走线合理。

(3) 布线应横平竖直，分布均匀。变换走向时应垂直。

(4) 布线时严禁损伤线芯和导线绝缘。

(5) 在每根剥去绝缘层导线的两端套上编码套管。所有从一个接线端子(或接线桩)到另一个接线端子(或接线桩)的导线必须连接，中间无接头。

(6) 导线与接线端子或接线桩连接时，不得压绝缘层、不反圈及不露铜过长。

(7) 一个电气元器件接线端子上的连接导线不得多于两根。

5. 其他步骤

(1) 根据电气接线图检查控制板布线是否正确。

(2) 安装电动机。

(3) 连接电动机和按钮金属外壳的保护接地线(若按钮为塑料外壳，则按钮外壳不需接地线)。

(4) 连接电源、电动机等控制板外部的导线。

6. 自检

(1) 按电路原理图或电气接线图从电源端开始，逐段核对接线及接线端子处是否正确，有无漏接、错接之处。检查导线接点是否符合要求，压接是否牢固。接触应良好，以免带负载运行时产生闪弧现象。

(2) 用万用表检查线路的通断情况。检查时，应选用倍率适当的电阻挡，并进行校零，以防短路故障发生。对控制电路的检查(可断开主电路)，可将表笔分别搭在 U11、V11 线端上，读数应为"∞"。按下 SB 时，读数应为接触器线圈的电阻值，然后断开控制电路再检查主电路有无开路或短路现象，此时可用手动来代替接触器通电进行检查。

(3) 用兆欧表检查线路的绝缘电阻应不小于 0.5MΩ。

7. 通电试车

经指导教师检查无误后通电试车。

试车时先空载试车，观察各器件的动作是否正确，无误后再接上电动机带负载调试。

通电试车完毕先拆除负载线，后拆除电源线。清理工作现场，填写好各种记录。

四、M7130 型卧轴矩台平面磨床电气控制电路板制作考核要求及评分标准

评分标准见表 6-2。

表 6-2　M7130 型卧轴矩台平面磨床电气控制电路板制作考核要求及评分标准

测评内容	配分	评分标准		操作时间	扣分	得分
绘制电气元器件布置图	10	绘制不正确	每处扣 2 分	20min		
安装元器件	20	1. 不按图安装 2. 元器件安装不牢固 3. 元器件安装不整齐、不合理 4. 损坏元器件	扣 5 分 每处扣 2 分 每处扣 2 分 扣 10 分	20min		
布线	50	1. 导线截面选择不正确 2. 不按图接线 3. 布线不合要求 4. 接点松动，露铜过长，螺钉压绝缘层等 5. 损坏导线绝缘或线芯 6. 漏接地线	扣 5 分 扣 10 分 每处扣 2 分 每处扣 1 分 每处扣 2 分 扣 5 分	60min		
通电试车	20	1. 第一次试车不成功 2. 第二次试车不成功 3. 第三次试车不成功	扣 5 分 扣 5 分 扣 5 分	20min		
安全文明操作		违反安全生产规程	扣 5~20 分			
定额时间 (2h)	开始时间 (　　)	每超时 2min 扣 5 分				

任务四　M7130 型卧轴矩台平面磨床电气控制电路板的调试与故障诊断

平面磨床电气控制的特点是采用电磁吸盘，在此仅对电磁吸盘的常见故障作分析。

一、电磁磁盘没有吸力

首先应检查三相交流电源是否正常，然后再检查 FU1、FU2 与 FU4 熔断器是否完好，接触是否正常，再检查接插器 X3 接触是否良好。如上述检查均未发现故障，则进一步检查电磁吸盘电路，包括欠电流继电器 KA 线圈是否断开，吸盘线圈是否短路等。

二、电磁吸盘吸力不足

常见的原因有交流电源电压低，导致整流直流电压相应下降，以致吸力不足。若整流直流电压正常，电磁吸力仍不足，则有可能系 X3 接插器接触不良。

造成电磁吸盘吸力不足的另一原因是桥式整流电路的故障，如整流桥一臂发生开路，将使直流输出电压下降，吸力减小，若有一臂整流元器件击穿形成短路，则与它相邻的另一桥臂的整流元器件会因过电流而损坏，此时 T2 也会因电路短路而造成过电流，致使电磁吸盘吸力下降，甚至无吸力。

三、电磁吸盘退磁效果差，造成工件难以取下

其故障原因往往由于退磁电压过高或去磁回路断开，无法去磁或去磁时间掌握不好等。

四、平面磨床故障说明

1. 故障设置说明

在设备的后侧给老师设置了器件故障 2 个，断点故障 16 个。学生可以通过检测线路通断来检查故障，并进行相应的操作来排除故障。

在设备面板的下方专门放置了实验管理器。管理器可以使教师设定故障，学生排故时，管理器可以记录学生排除器件故障的次数及排除故障是否正确，可以实现对学生考核的直接管理。

2. 故障现象及故障点

(1) 电机停转，电源线开路(FU2(2)保险丝断开)。

(2) 砂轮电动机停转(FR1 热继电器常闭触点断点)。

(3) 松开按钮 SB3，KM1 常开触点未自锁，KM1 未通电，摇臂升降电动机 M2 不起动(KM1 接触器常开断点)。

(4) 砂轮电动机 M1 停转，KM1 未通电(SB2 按钮开关常闭触点断开)。

(5) 液压泵电动机 M2 不转，KM2 不通电(KA 接触器常开触点断开)。

(6) 现象同(5)(SB3、SB4 按钮开关常开触点开路)。

(7) 控制回路开路(FU3 保险丝断开)。

(8) EL 照明灯不亮(SA2 开关断开)。

(9) HL1 照明灯不亮(KM1 常开触点断开)。

(10) HL3 照明灯不亮(KM2 常开触点断开)。

(11) 整流电路失电(T 变压器开路)。

(12) 电磁吸盘失效(SA1 开关断开)。

(13) 电磁吸盘失效(VD 整流块断开)。

(14) 液压泵电动机 M2 不转(KA 时间继电器断开，KM2 失电)。

(15) 电磁吸盘失效(连线断开)。

(16) 器件故障 1(KM1 线圈断开)。

(17) 器件故障 2(KM2 线圈断开)。

五、M7130 型卧轴矩台平面磨床电气控制电路故障检修考核要求及评分标准

评分标准见表 6-3。

表 6-3　M7130 型卧轴矩台平面磨床电气控制电路故障检修考核要求及评分标准

序号	考核内容	考核要求	评分标准	配分	扣分	得分
1	按下起动按钮 SB2，M1 起动运转；松开按钮 SB2，M1 随之停止不能起动	分析故障范围，确定故障点并排除故障	(1) 不能确定故障范围，扣 10 分 (2) 不能找出原因，扣 5 分 (3) 不能排除故障，扣 10 分	25 分		
2	主轴电动机运行中停车	分析故障范围，确定故障点并排除故障	(1) 不能确定故障范围，扣 10 分 (2) 不能找出原因，扣 5 分 (3) 不能排除故障，扣 10 分	25 分		
3	按下按钮 SB3，刀架快速移动电动机不能起动	分析故障范围，确定故障点并排除故障	(1) 不能确定故障范围，扣 10 分 (2) 不能找出原因，扣 5 分 (3) 不能排除故障，扣 10 分	25 分		
4	机床照明灯不亮	分析故障范围，确定故障点并排除故障	(1) 不能确定故障范围，扣 10 分 (2) 不能找出原因，扣 5 分 (3) 不能排除故障，扣 10 分	25 分		
5	安全文明生产	按生产规程操作	违反安全文明生产规程，扣 10～30 分			
6	定额工时	4h	每超过 5min(不足 5min 以 5min 计)扣 5 分			
	起始时间		合计		100 分	
	结束时间		教师签字		年　　月　　日	

项 目 小 结

　　本项目主要介绍了 M7130 型卧轴矩台平面磨床的电气控制电路分析与生产机械电气控制电路的读图方法，M7130 型卧轴矩台平面磨床的电气控制电路板的制作方法和制作步骤、工作原理以及机械、液压与电气控制配合的关系，组成电气线路的一般规律、保护环节以及电器控制电路的操作方法，常见电气故障诊断方法。重点掌握 M7130 型卧轴矩台平面磨床的电气控制电路分析与常见电气故障诊断方法与维修的过程。

习　　题

一、选择题

1. M7130 型卧轴矩台平面磨床用电磁吸盘吸持工件的目的是(　　)。
　　A. 工件太小会被自动吸牢　　　　　　B. 工件太大会被自动吸牢
　　C. 工件不规则会被自动吸牢　　　　　D. 省去了夹持工件

2. 在平面磨床的电气控制电路中，接触器 KM1 和 KM2 的作用是(　　)。
　　A. KM1 对砂轮电动机 M1 实现单向运行控制，KM2 对液压泵电动机实现控制
　　B. 对砂轮电动机 M1 实现正反转控制
　　C. 对冷却泵电动机 M2 实现控制

3. 在 M7130 型卧轴矩台平面磨床的电气控制电路中变压器 T2 的作用是(　　)。
　　A. 对控制电路供电　　　　　　　　　B. 对电磁吸盘电路供电
　　C. 对照明电路供电

4. 在 M7130 型卧轴矩台平面磨床的电气控制电路中能实现顺序控制的电动机是(　　)。
　　A. 先起动冷却泵电动机 M2 后起动液压泵电动机 M3
　　B. 先起动砂轮电动机 M1 后起动冷却泵电动机 M2
　　C. 三台电动机起动的顺序是 M1→M2→M3

5. M7130 型卧轴矩台平面磨床的电气控制在进行维修时控制系统的梯形图程序可以通过(　　)。
　　　　A. 继电器控制电路转化法得到　　　B. 顺序控制功能流程图转化法得到
　　　　C. 汇编语言转化法得到

二、判断题

1. 在图 6.3 中，平面磨床的电气控制电路中 $R1$ 的作用是阻容滤波。　　　　　　(　　)
2. 在图 6.3 中，热继电器 FR2 的作用是对砂轮电动机起过载保护。　　　　　(　　)
3. 在对 M7130 型卧轴矩台平面磨床进行电气控制与维修时选择的编程方法为经验法。
　　　　　　　　　　　　　　　　　　　　　　　　　　　　　　　　　　(　　)
4. 在图 6.3 中，桥式整流 VC 的作用是把交流变为直流供给电磁吸盘工作。　(　　)

5. 在图 6.3 中，平面磨床的电气控制电路中 $R2$ 的作用是退磁时防止电磁吸盘电路出现过大的电压冲击。（　　）

6. 在图 6.3 中平面磨床的电气控制电路中 $R1$、$R2$ 用作限制去磁电流。（　　）

7. 电磁吸盘不能吸持非磁性材料工件。（　　）

8. 在平面磨床的电气控制电路中，FU1 只能实现对 M1 的短路保护。（　　）

9. 平面磨床用 PLC 控制代替传统控制的优点在于价格便宜。（　　）

10. 电磁吸盘电路对供电的要求是既可交流也可直流。（　　）

11. 在平面磨床的电气控制电路中，对电动机的控制无顺序控制。（　　）

12. 在平面磨床的电气控制电路中，接触器 KM1 和 KM2 对砂轮电动机实现正反转。（　　）

13. 在平面磨床的电气控制电路中，热继电器的作用是短路保护和过载保护。（　　）

14. 在电磁吸盘电路中安装欠流继电器是为了防止电磁吸盘吸力不足造成事故或影响工件的加工质量。（　　）

15. M7130 型卧轴矩台平面磨床的电气控制在进行维修编程时是按经验设计法转化得到的。（　　）

三、简答题

1. M7130 型卧轴矩台平面磨床电力拖动及控制有哪些要求？

2. 试述 M7130 型卧轴矩台平面磨床电器控制电路的工作原理。

3. M7130 型卧轴矩台平面磨床中为什么采用电磁吸盘来夹持工作？电磁吸盘线圈为何要采用直流供电而不采用交流电源？

4. M7130 型卧轴矩台平面磨床电磁吸盘工作原理。

5. M7130 型卧轴矩台平面磨床中欠电流继电器的作用。

6. M7130 型卧轴矩台平面磨床中放电电阻的作用。

7. M7130 型卧轴矩台平面磨床砂轮电机不能起动，分析其故障原因。

8. M7130 型卧轴矩台平面磨床电磁吸盘不能"吸合"，分析其故障原因。

项目七

铣床电气控制与维修

本项目首先明确铣床电气控制与维修的工作任务，接着介绍 X62W 万能卧式铣床电气控制原理，然后介绍制定 X62W 型卧式万能铣床电气控制与维修方案，再进行整机安装调试与故障诊断。通过本项目的学习应该达到的学习目标如下。

项目目标

知识目标	(1) 了解生产机械电器控制电路的读图方法 (2) 掌握卧式万能铣床的电气控制电路的分析方法和分析步骤、工作原理以及机械与电气控制配合的关系。组成电器线路的一般规律、保护环节以及电器控制电路的操作方法 (3) 常见电气故障诊断及排除
能力目标	(1) 绘制电气原理图、元器件布置图及安装接线图 (2) 安装、调试典型设备 (3) 查找、排除故障

重难点提示

重　　点	卧式万能铣床的电气控制电路工作原理及电气控制电路与维修
难　　点	卧式万能铣床的电气控制电路常见电气故障诊断方法

任务一　初步认识铣床

各种铣床如图 7.1 所示。

(a) X62W 型卧式万能铣床

(b) X5032A 型立式升降台铣床　　　(c) X2007 型龙门铣床

图 7.1　各种铣床

阅读相关资料的内容可了解以下内容。

一、铣床的用途

铣床可用来加工平面、斜面、槽沟，装上分度头可以铣切直齿齿轮和螺旋面，装上圆工作台还可铣切凸轮和弧形槽，可见铣床在机械行业的机床设备中占有相当大的比重。铣床按结构形式和加工性能不同，可分为卧式铣床、立式铣床、立式升降台铣床和龙门铣床等，其型号含义如图 7.2 所示。

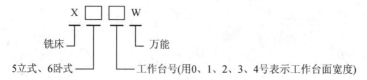

图 7.2　铣床型号含义图

二、运动形式

铣床所用的切削刀具为各种形式的铣刀。铣削加工一般有顺铣和逆铣两种形式，分别使用刀口方向不同的顺铣刀和逆铣刀。铣床运动形式有主运动，进给运动及辅助运动、铣刀的旋转运动为主运动；工件在垂直铣刀轴线方向的直线运动是进给运动；而工件与铣刀相对位置的调整运动与工作台的回转运动皆为辅助运动。

铣刀的旋转由主电动机拖动，为适应顺铣与逆铣的需要，主电动机应能正向或反向工作，一旦铣刀选定后，铣削方向就确定了，所以工作过程不需要交换主电动机旋转方向。为此，常在主电动机电路内接入换向开关来预选正方向。又因铣床加工是多刀多刃不连续切削，负载波动，故为了减轻负载波动的影响，往往在主轴传动系统中加入飞轮，但随之又将引起主轴停车惯性大，停车时间长。为了实现快速停车，往往主电动机采用制动停车方式，其加工方式如图 7.3 所示。

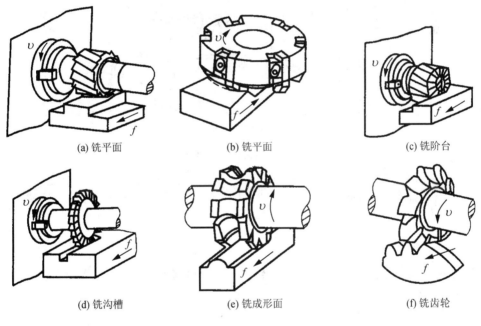

(a) 铣平面   (b) 铣平面   (c) 铣阶台

(d) 铣沟槽   (e) 铣成形面   (f) 铣齿轮

图 7.3 铣削加工

铣削的进给运动是直线运动，一般是工作台的垂直、纵向和横向 3 个方向的移动，为了保证安全，在加工时只允许一种运动，所以这 3 个方向的运动应该设有互锁。为此，工作台的移动由一台进给电动机拖动，并由运动方向选择手柄来选择运动方向，由进给电动机的正、反转来实现上或下、左或右、前或后的运动。某些铣床为了扩大加工能力而增加圆工作台，在使用圆工作台时，圆工作台的上下、左右、前后几个方向的运动都不允许进行。

铣床的主运动与进给运动间没有比例协调的要求，所以从机械结构合理的角度考虑，采用两台电动机单独拖动，但会损坏刀具或机床。为此，主电动机与进给电动机之间应有可靠的互锁。

为了适应各种不同的切削要求，铣床的主轴与进给运动都应具有一定的调速范围。为了便于变速时齿轮的啮合，应有低速冲动环节。

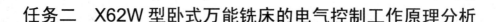

任务二 X62W型卧式万能铣床的电气控制工作原理分析

一、X62W型卧式万能铣床的电气控制电路的读图方法

1. 了解铣床的结构和工作要求

X62W型卧式万能铣床主要由底座、床身、悬梁、刀杆支架、工作台、溜板箱和升降台等组成，如图7.4所示。

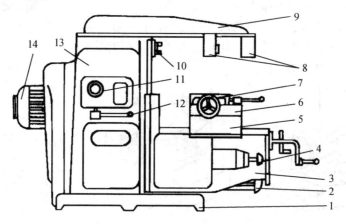

图7.4 X62W型卧式万能铣床结构简图

1—底座；2—进给电动机；3—升降台；4—进给变速手柄及变速盘；5—溜板；
6—转动部分；7—工作台；8—刀杆支架；9—悬梁；10—主轴；
11—主轴变速盘；12—主轴变速手柄；13—床身；14—主轴电动机

2. 对电力拖动和控制的要求

(1) X62W型卧式万能铣床一般由3台异步电动机拖动，分别是主轴电动机、进给电动机和冷却泵电动机。

铣床主要有以下3种运动。

主运动：指主轴带动铣刀的旋转运动。

进给运动：是直线运动。

辅助运动：指工件与铣刀相对位置的调整运动及工作台的回转运动。

有些铣床为了扩大加工能力而增设圆工作台，在使用圆工作台时，圆工作台的上下、左右、前后几个方向的运动都不允许进行。

(2) 铣削加工有顺铣和逆铣两种加工方式，因此要求主轴电动机能正反转，但在加工过程中不需要主轴反转。主轴电动机通过主轴变速箱驱动主轴旋转，并由齿轮变速箱变速，因此主轴电动机不需要电气调速。由于铣削是多刃不连续的切削，负载不稳定，所以主轴上装有飞轮，以提高主轴电动机旋转的均匀性，消除铣削加工时产生的振动。但这样会造成主轴停车困难，因此主轴电动机采用电磁离合器制动以实现准确停车。

(3) 进给电动机作为工作台前后、左右和上下6个方向上的进给运动及快速移动的动力，也要求进给电动机能实现正反转。通过进给变速箱可给定不同的进给速度。

(4) 为了扩大加工能力，在工作台上可加装圆形工作台，圆形工作台的回转运动由进给电动机经传动机构驱动。工作台 6 个方向的快速移动是通过电磁离合器的吸合和改变机械转动链的传动比实现的。

(5) 3 台电动机之间有联锁控制。为了防止刀具和铣床的损坏，要求只有主轴旋转后才允许有进给运动，同时为了减小加工件表面的粗糙度，要求只有进给停止后，主轴才能停止或同时停止。

(6) 为保证机床和刀具的安全，在铣削加工时，任何时刻的工件都只能做一个方向的进给运动，因此采用机械操作手柄和行程开关相配合的方式实现 6 个运动方向的联锁。

(7) 主轴运动和进给运动采用变速盘进行速度选择，为了保证变速后齿轮能良好地啮合，主轴和进给变速后，都要求电动机做瞬时点动(变速冲动)。

(8) 采用转换开关控制冷却泵电动机单向旋转。

(9) 要求有安全照明设备及各种保护措施。

3. 识读主电路

识读主电路分为以下 4 步进行。

(1) 看电路及设备的供电电源。

(2) 分析主电路共用了几台电动机。

(3) 分析各台电动机的工作状况。

(4) 了解电动机经过哪些控制电路到达电源。

4. 识读控制电路

(1) 弄清控制电路的电源电压。

(2) 按布局顺序从左到右依次搞清控制电路的构成。

(3) 分析出控制电路的动作过程。

5. 识读辅助电路

(1) 变压器所在电路。

(2) 照明指示电路。

(3) 各种保护环节。

以上的读图方法采用的是化整为零的方法，经过化整为零的分析之后，再进行集零化整，总览全局，看有没有遗漏的地方。

你能画出一种简单的铣床电气控制电路吗？

二、X62W 型卧式万能铣床工作原理及分析

1. 铣床控制电路的工作原理图

X62W 型卧式万能铣床主要由主电路、控制电路及辅助电路组成。图 7.5 和图 7.6 是铣床控制电路的主电路及控制电路工作原理图。

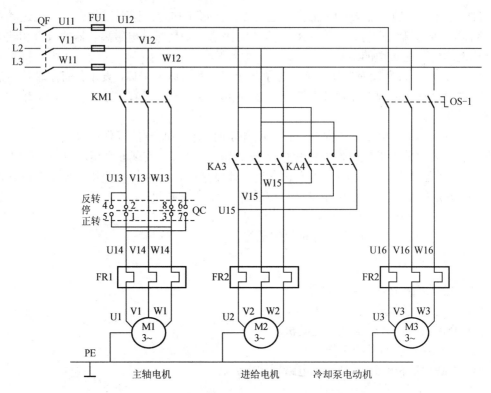

图 7.5　X62W 型卧式万能铣床电气主电路工作原理图

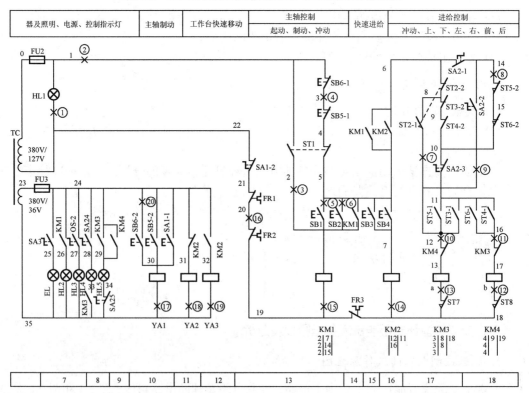

图 7.6　X62W 型卧式万能铣床电气控制电路工作原理图

2. 铣床控制电路的工作原理及分析

图7.6所示为X62W型卧式万能铣床控制电路,其工作过程如下。

1) 主轴电动机的控制

控制电路的起动按钮SB1和SB2是异地控制按钮,方便操作。SB3和SB4是停止按钮。KM3是主轴电动机M1的起动接触器,KM2是主轴反接制动接触器,SQ7是主轴变速冲动开关,KS是速度继电器。

(1) 主轴电动机的起动。起动前先合上电源开关QS,再把主轴转换开关SA5扳到所需要的旋转方向,然后按起动按钮SB1(或SB2),接触器KM3获电动作,其主触点闭合,主轴电动机M1起动。

(2) 主轴电动机的停车制动。当铣削完毕,需要主轴电动机M1停车,电动机M1运转速度在120r/min以上时,速度继电器KS的常开触点闭合(9区或10区),为停车制动做好准备。当要M1停车时,就按下停止按钮SB3(或SB4),KM3断电释放,由于KM3主触点断开,电动机M1断电作惯性运转,紧接着接触器KM2线圈通电吸合,电动机M1串电阻R反接制动。当转速降至120r/min以下时,速度继电器KS常开触点断开,接触器KM2断电释放,停车反接制动结束。

(3) 主轴的冲动控制。当需要主轴冲动时,按下冲动开关SQ7,SQ7的常闭触点SQ7-2先断开,而后常开触点SQ7-1闭合,使接触器KM2通电吸合,电动机M1起动,冲动完成。

2) 工作台进给电动机控制

转换开关SA1是控制圆工作台的,在不需要圆工作台运动时,转换开关扳到"断开"位置,此时SA1-1闭合,SA1-2断开,SA1-3闭合;当需要圆工作台运动时,将转换开关扳到"接通"位置,则SA1-1断开,SA1-2闭合,SA1-3断开。

(1) 工作台纵向进给。工作台的左右(纵向)运动是由装在床身两侧的转换开关跟开关SQ1、SQ2来完成的,需要进给时把转换开关扳到"纵向"位置,按下开关SQ1,常开触点SQ1-1闭合,常闭触点SQ1-2断开,接触器KM4通电吸合,电动机M2正转,工作台向右运动;当工作台要向左运动时,按下开关SQ2,常开触点SQ2-1闭合,常闭触点SQ2-2断开,接触器KM5通电吸合,电动机M2反转,工作台向左运动。在工作台上设置有一块挡铁,两边各设置有一个行程开关,当工作台纵向运动到极限位置时,挡铁撞到位置开关,工作台停止运动,从而实现纵向运动的终端保护。

(2) 工作台升降和横向(前后)进给。工作台的方向进给是通过操纵装在床身两侧的转换开关和行程开关SQ3、SQ4来完成的。

在工作台上也分别设置有一块挡铁,两边各设置有一个行程开关,当工作台升降和横向运动到极限位置时,挡铁撞到位置开关,工作台停止运动,从而实现升降和横向运动的终端保护。

① 工作台向上(下)运动。在主轴电动机起动后,把装在床身一侧的转换开关扳到"升降"位置再按下按钮 SQ3(SQ4),SQ3(SQ4)常开触点闭合,SQ3(SQ4)常闭触点断开,接触器KM4 (KM5)通电吸合,电动机M2 正(反)转,工作台向下(上)运动。到达想要的位置时松开按钮,工作台停止运动。

② 工作台向前(后)运动。在主轴电动机起动后,把装在床身一侧的转换开关扳到"横向"位置再按下按钮 SQ3(SQ4),SQ3(SQ4)常开触点闭合,SQ3(SQ4)常闭触点断开,接触

器 KM4 (KM5)通电吸合，电动机 M2 正(反)转，工作台向前(后)运动。到达想要的位置时松开按钮，工作台停止运动。

3) 联锁问题

机床在上下前后 4 个方向进给时又操作纵向控制方向的进给，将造成机床重大事故，所以必须联锁保护。当上下前后 4 个方向进给时，若操作纵向任一方向，SQ1-2 或 SQ2-2 两个开关中的一个被压开，接触器 KM4(KM5)立刻失电，电动机 M2 停转，从而得到保护。

同理，当纵向操作时又操作某一方向而选择了向左或向右进给，SQ1 或 SQ2 被压着，它们的常闭触点 SQ1-2 或 SQ2-2 是断开的，接触器 KM4 或 KM5 都由 SQ3-2 和 SQ4-2 接通。若发生误操作，而选择上下、前后某一方向的进给，SQ3-2 或 SQ4-2 断开，使 KM4 或 KM5 断电释放，电动机 M2 停止运转，避免了机床事故。

(1) 进给冲动：真实机床为使齿轮进入良好的啮合状态，将变速盘向里推。在推进时，挡块压动位置开关 SQ6，首先使常闭触点 SQ6-2 断开，然后常开触点 SQ6-1 闭合，接触器 KM4 通电吸合，电动机 M2 起动。但它并未转起来，位置开关 SQ6 已复位，首先断开 SQ6-1，而后闭合 SQ6-2。接触器 KM4 失电，电动机失电停转。这样一来，使电动机接通一下电源，齿轮系统产生一次抖动，使齿轮啮合顺利进行。要冲动时按下冲动开关 SQ6，模拟冲动。

(2) 工作台的快速移动。在工作台向某个方向运动时，按下按钮 SB5 或 SB6(两地控制)，接触器闭合，KM6 通电吸合，它的常开触点(4 区)闭合，电磁铁 YB 通电(指示灯亮)模拟快速进给。

(3) 圆工作台的控制。把圆工作台控制开关 SA1 扳到"接通"位置，此时 SA1-1 断开，SA1-2 接通，SA1-3 断开，主轴电动机起动后，圆工作台即开始工作，其控制电路是：电源→SQ4-2→SQ3-2→SQ1-2→SQ2-2→SA1-2→KM4 线圈→电源。接触器 KM4 通电吸合，电动机 M2 运转。

铣床为了扩大机床的加工能力，可在机床上安装附件圆工作台，这样可以进行圆弧或凸轮的铣削加工。拖动时，所有进给系统均停止工作，只让圆工作台绕轴心回转。该电动机带动一根专用轴，使圆工作台绕轴心回转，铣刀铣出圆弧。在圆工作台开动时，其余进给一律不准运动，若有误操作动了某个方向的进给，则必然会使开关 SQ1-SQ4 中的某一个常闭触点断开，使电动机停转，从而避免了机床事故的发生。按下主轴停止按钮 SB3 或 SB4，主轴停转，圆工作台也停转。

4) 冷却照明控制

要起动冷却泵时扳开关 SA3，接触器 KM1 通电吸合，电动机 M3 运转，冷却泵起动。机床照明由变压器 T 供给 36V 电压，工作灯由 SA4 控制。

任务三　X62W 型卧式万能铣床电气控制电路板的制作

一、铣床的电气控制电路元器件布置图的绘制

电气元器件布置图用来表明电气原理图中各元器件的实际安装位置，可视电气控制系统复杂程度采取集中绘制或单独绘制。

电气元器件的布置应注意以下几方面。

(1) 体积大和较重的电气元器件应安装在控制板的下方，而发热元器件应安装在控制板的上面。

(2) 强电、弱电应分开，弱电应屏蔽，防止外界干扰。

(3) 需要经常维护、检修、调整的电气元器件安装位置不宜过高或过低。

(4) 电气元器件的布置应考虑整齐、美观、对称。外形尺寸与结构类似的电器安装在一起，以利于安装和配线。

(5) 电气元器件布置不宜过密，应留有一定间距。如果用走线槽，应加大各排电器间距，以利于布线和维修。

二、铣床的电气控制电路元器件接线图的绘制

安装接线图主要用于电器的安装接线、线路检查、线路维修和故障处理，通常接线图与电气原理图和元器件布置图一起使用。

电气接线图的绘制原则如下。

(1) 各电气元器件均按实际安装位置绘出，元器件所占图面按实际尺寸以统一比例绘制。

(2) 一个元器件中所有的带电部件均画在一起，并用点划线框起来，即采用集中表示法。

(3) 各电气元器件的图形符号和文字符号必须与电气原理图一致，并符合国家标准。

(4) 各电气元器件上凡是需接线的部件端子都应绘出，并予以编号，各接线端子的编号必须与电气原理图上的导线编号相一致。

(5) 绘制安装接线图时，走向相同的相邻导线可以绘成一股线。

三、完成实际安装、接线、调试运行

1. 训练工具、仪表及器材

1) 工具
测试笔、螺钉旋具、斜口钳、尖嘴钳、剥线钳、电工刀等。

2) 仪表
兆欧表、万用表、钳形电流表。

3) 器材

(1) 控制板一块(包括所用的低压电气元器件)。

(2) 导线及规格：主电路导线由电动机容量确定；控制电路一般采用截面积为 $1mm^2$ 的铜芯导线(BV)；按钮线一般采用截面积为 $0.75mm^2$ 的铜芯线(RV)；要求主电路与控制电路导线的颜色必须有明显的区别。

(3) 备好编码套管。

X62W 型卧式万能铣床的电气控制电路板所需元器件见表 7-1。

首先绘制出铣床的电气控制电路元器件布置图和安装接线图，然后根据铣床的电气控制电路元器件布置图选取 X62W 型卧式万能铣床的电气控制电路板所需元器件。

表 7-1　X62W 型卧式万能铣床型平面磨床元器件明细表

代号	名称	型号及规格	数量	用途	备注
M1	主轴电动机	W451-4，5.5kW，220V/380V，1410r/min	1	驱动砂轮	
M2	进给电动机	W451-4，5.5kW，220V/380V，1410r/min	1	驱动冷却泵输出冷却液	
M3	冷却泵电动机	J042-4，0.125kW，220V/380V，1440r/min	1	驱动液压泵	
FR1	热继电器	JR10-10	1	M1 过载保护	
FR2	热继电器	JR10-10	1	M2 过载保护	
FR3	热继电器	JR10-10	1	M3 过载保护	
KM1	交流接触器	CJ10-10 线圈电压 380V	1	控制 M3	
KM2	交流接触器	CJ10-10 线圈电压 380V	1	控制 M1	
KM3	交流接触器	CJ10-10 线圈电压 380V	1	控制 M1	
KM4	交流接触器	CJ10-10 线圈电压 380V	1	控制 M2	
KM5	交流接触器	CJ10-10 线圈电压 380V	1	控制 M2	
KM6	交流接触器	CJ10-10 线圈电压 380V	1	控制 M2 快速进给	
SB1	按钮	LA2 绿色	1	M1 主轴起动	
SB2	按钮	LA2 绿色	1	M1 主轴起动	
SB3	按钮	LA2 红色	1	M1 主轴停止	
SB4	按钮	LA2 红色	1	M1 主轴停止	
SB5	按钮	LA2 绿色	1	工作台快速按钮	
SB6	按钮	LA2 绿色	1	工作台快速按钮	
SA1	转换开关	HZ1-10P/3	1	圆工作台转换开关	
SA3	转换开关	HZ1-10P/3	1	冷却泵电动机转换开关	
SA4	转换开关	HZ1-10P/3	1	机床照明开关	
SA5	转换开关	HZ1-10P/3	1	正反转转换开关	
YB	电磁铁线圈		1	快速进给	
QS	电源开关	HZ1-25/3	1	电源开关	
T1	控制变压器	BK-150VA，380V/127V	1	降压	
T2	照明变压器	BK-60VA，380V/36V	1	降压	
EL	机床照明灯	JD3，24V，40W	1	工作照明	
HL1	工作显示			主轴工作显示	
HL2	制动显示			主轴制动显示	
HL3	进给显示			进给正转显示	
HL4	进给显示			进给反转显示	
HL5	冷却显示			冷却泵电动机工作	

续表

代号	名称	型号及规格	数量	用途	备注
FU1	熔断器	RL1-60/30，60A，熔体30A	3	电源短路保护	
FU2	熔断器	RL1-15/5，15A，熔体5A	3	进给及冷却电路短路保护	
FU3	熔断器	BLX-15/5，1A	2	控制电路短路保护	
FU4	熔断器	RL1-15/2，15A，熔体2A	1	照明电路保护	
XT	接线端子		1	接线过渡	
R	电阻器	GF，6W，125	1	限流保护电阻	
KS	速度继电器	JY1	1	主轴反接制动	
SQ1	限位开关	LX	1	工作台纵向向右进给	
SQ2	限位开关	LX	1	工作台纵向向左进给	
SQ3	限位开关	LX	1	工作台向上和向后进给	
SQ4	限位开关	LX	1	工作台向下和向前进给	
SQ6	限位开关	LX	1	进给冲动控制	
SQ7	限位开关	LX	1	主轴冲动控制	

2. 安装步骤及工艺要求

(1) 根据原理图绘出铣床控制电路的电气位置图和电气接线图。

(2) 按原理图配齐所有电气元器件并进行检验。

① 电气元器件的技术数据(如型号、规格、额定电压、额定电流)应完整并符合要求，外观无损伤。

② 电气元器件的电磁机构动作是否灵活，有无衔铁卡阻等不正常现象，用万用表检测电磁线圈的通断情况以及各触头的分合情况。

③ 接触器的线圈电压和电源电压是否一致。

④ 对电动机的质量进行常规检查(每相绕组的通断，相间绝缘，相对地绝缘)。

3. 在控制板上按电器位置图安装电气元器件

工艺要求如下。

(1) 组合开关、熔断器的受电端子应安装在控制板的外侧。

(2) 各个元器件的安装位置应整齐、匀称、间距合理，便于布线及元器件的更换。

(3) 紧固各元器件时要用力均匀，紧固程度要适当。

4. 按接线图的走线方法进行板前明线布线和套编码套管

板前明线布线的工艺要求如下。

(1) 布线通道尽可能地少，同路并行导线按不同控制电路分类集中，单层密排，紧贴安装面布线。

(2) 同一平面的导线应高低一致或前后一致，不能交叉。非交叉不可时，应水平架空跨越，但必须走线合理。

(3) 布线应横平竖直，分布均匀。变换走向时应垂直。

(4) 布线时严禁损伤线芯和导线绝缘。

(5) 在每根剥去绝缘层导线的两端套上编码套管。所有从一个接线端子(或接线桩)到另一个接线端子(或接线桩)的导线必须连接，中间无接头。

(6) 导线与接线端子或接线桩连接时，不得压绝缘层、不反圈及不露铜过长。

(7) 一个电气元器件接线端子上的连接导线不得多于两根。

5. 检查控制板布线

根据电气接线图检查控制板布线是否正确。

6. 其他步骤

(1) 安装电动机。

(2) 连接电动机和按钮金属外壳的保护接地线。(若按钮为塑料外壳，则按钮外壳不需接地线)

(3) 连接电源、电动机等控制板外部的导线。

7. 自检

(1) 按电路原理图或电气接线图从电源端开始，逐段核对接线及接线端子处是否正确，有无漏接、错接之处。检查导线接点是否符合要求，压接是否牢固。接触应良好，以免带负载运行时产生闪弧现象。

(2) 用万用表检查线路的通断情况。检查时，应选用倍率适当的电阻挡，并进行校零，以防短路故障发生。对控制电路的检查(可断开主电路)，可将表笔分别搭在 U11、V11 线端上，读数应为"∞"。按下 SB 时，读数应为接触器线圈的电阻值，然后断开控制电路再检查主电路有无开路或短路现象，此时可用手动来代替接触器通电进行检查。

(3) 用兆欧表检查线路的绝缘电阻应不得小于 0.5MΩ。

8. 通电试车

经指导教师检查无误后通电试车。

试车时先空载试车，观察各器件的动作是否正确，无误后再接上电动机带负载调试。

通电试车完毕先拆除电源线，后拆除负载线。清理工作现场，填写好各种记录。

根据前面章节介绍的安装工艺要求进行布线和检查。

四、X62W 型卧式万能铣床电气控制电路板制作考核要求及评分标准

评分标准见表 7-2。

表 7-2　X62W 型卧式万能铣床电气控制电路板制作考核要求及评分标准

测评内容	配分	评分标准		操作时间	扣分	得分
绘制电气元器件布置图	10	绘制不正确	每处扣 2 分	20min		
安装元器件	20	1. 不按图安装 2. 元器件安装不牢固 3. 元器件安装不整齐、不合理 4. 损坏元器件	扣 5 分 每处扣 2 分 每处扣 2 分 扣 10 分	20min		
布线	50	1. 导线截面选择不正确 2. 不按图接线 3. 布线不合要求 4. 接点松动，露铜过长，螺钉压绝缘层等 5. 损坏导线绝缘或线芯 6. 漏接接地线	扣 5 分 扣 10 分 每处扣 2 分 每处扣 1 分 每处扣 2 分 扣 5 分	60min		
通电试车	20	1. 第一次试车不成功 2. 第二次试车不成功 3. 第三次试车不成功	扣 5 分 扣 5 分 扣 5 分	20min		
安全文明操作		违反安全生产规程	扣 5～20 分			
定额时间 (2h)	开始 时间 (　　)	每超时 2min 扣 5 分				

任务四　X62W 型卧式万能铣床的电气控制电路板的调试与故障诊断

一、检修所需工具和设备

(1) 工具：试电笔、电工刀、尖嘴钳、斜口钳、剥线钳、螺钉旋具、活扳手等。

(2) 仪表：万用表、兆欧表、钳形电流表。

(3) 机床：X62W 型卧式万能铣床或 X62W 型卧式万能铣床实训考核装置。

二、查找故障点的方法

检测方法有：万用表电阻检测法、万用表电压检测法和短接法检验灯法等。前两种方法在前面已经介绍过，下面介绍短接法。

1. 短接法

短接法如图 7.7 所示。

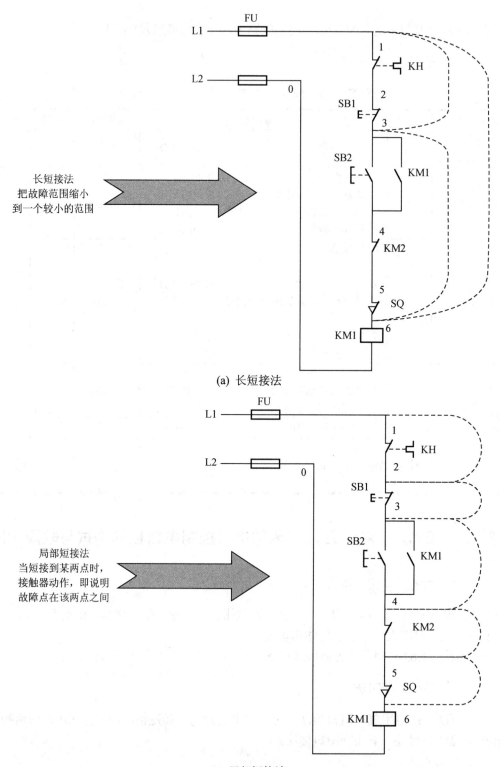

长短接法
把故障范围缩小
到一个较小的范围

(a) 长短接法

局部短接法
当短接到某两点时，
接触器动作，即说明
故障点在该两点之间

(b) 局部短接法

图 7.7　短接法

2. 主轴电动机 M1 不能起动的检修步骤

检修步骤如图 7.8 所示。

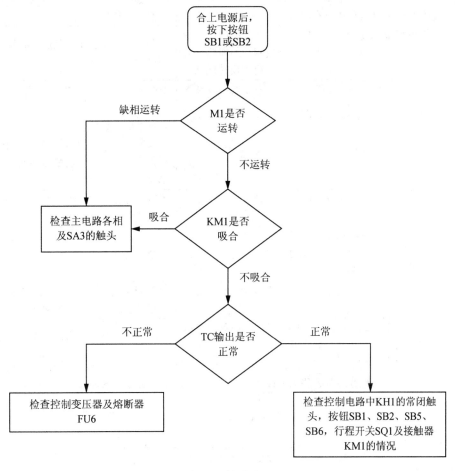

图 7.8 检修步骤

三、X62W 型卧式万能铣床常见电气故障诊断方法

诊断方法见表 7-3。

表 7-3 常见电气故障诊断方法

故障现象	原　因	处理方法
主轴停车时没有制动作用或产生短时反向旋转	速度继电器 KS 的动合触点不能按旋转方向正常闭合，如推动触点的胶木摆杆断裂损坏，轴身圆锥销扭弯、磨损，弹性连接元器件损坏，螺钉、销钉松动或打滑	检查速度继电器 KS 的动合触点，更换胶木摆杆、圆锥销、螺钉、销钉等，并予以修复或更换速度继电器
	速度继电器 KS 触点弹簧调得过紧，使反接制动电路过早地切断，制动效果不明显	调整速度继电器 KS 的触点弹簧，直到制动效果明显为止

续表

故障现象	原　因	处理方法
主轴停车时没有制动作用或产生短时反向旋转	速度继电器 KS 永久磁铁的磁性消失，使制动效果不明显	检查速度继电器 KS 的永久磁铁，并予以修复或更换
	速度继电器 KS 触点弹簧调得过松，使触点分断延迟，在反接制动的惯性作用下，电动机停止后仍有短时反转现象	调整速度继电器 KS 的触点弹簧，使故障排除
工作台各个方向都不能进给	电动机 M2 不能起动，电动机接线脱落或电动机绕组断线	检查电动机 M2 是否完好，并予以修复
	接触器 KM4 或 KM5 不吸合	检查 KM4 或 KM5，检查控制变压器的一次绕组和二次绕组，检查电源电压是否正常，熔断器熔丝是否熔断，并予以修复
	接触器 KM4 或 KM5 主触点接触不良或脱落	检查接触器 KM4 或 KM5 的主触点，并予以修复
	经常扳动操作手柄，开关受到冲击，行程开关 SQ1、SQ2、SQ3、SQ4 的位置发生变化或损坏	调整行程开关的位置或予以更换
	变速点动开关 SQ6 在复位时，不能接通或接触不良	调整变速点动开关 SQ6 的位置，检查触点接触情况，并予以修复
主轴电动机不能转动	起动按钮损坏，接线松动或脱落，接触不良或接触器线圈导线断线	更换按钮，紧固导线，检查与修复线圈
	变速点动开关 SQ7 的触点(31)接触不良，开关位置移动或撞坏	检查点动开关 SQ7 的触点，调整开关位置，并予以修复
主轴电动机不能点动(瞬时转动)	行程开关 SQ7 经常受到频繁冲击，使开关位置改变，开关底座被撞碎或接触不良	修理或更换行程开关，调整开关的动作行程
进给电动机不能点动(瞬时转动)	行程开关 SQ6-1 经常受到频繁冲击，使开关位置改变，开关底座被撞碎或接触不良	修理或更换开关，调整开关的动作行程
工作台能向左.向右进给，但不能向前、向后、向上、向下进给	限位开关 SQ1、SQ2 经常被压合，使螺钉松动，开关位移，触点接触不良，开关机构卡住及线路断开	检查与调整 SQ1 或 SQ2，予以修复或更换
	限位 SQ3-2 或 SQ4-2 被压开，使进给接触器 KM3、KM4 的通电回路均被断开	检查 SQ3-4 或 SQ4-2 是否复位，并予以修复
工作台不能快速移动	牵引电磁铁 YB 由于冲击力大，操作频繁，经常造成铜制衬垫磨损严重，产生毛刺划伤线圈绝缘层，引起匝间短路烧毁线圈	如果铜制衬垫磨损严重，则更换牵引电磁铁 YB；线圈烧毁重新绕制或更换
	线圈受振动，接线松脱	紧固接线圈接线
	控制回路电源故障或 KM6 线圈断路	检查控制回路电源及 KM6 线圈情况，并予以修复或更换
	按钮 SB5 或 SB6 接线松动或脱落	检查按钮 SB5 或 SB6 的接线，并予以紧固

四、故障设置

1. 设置说明

在设备的后侧设置了器件故障4个，断点故障12个。学生可以通过检测开关或连线来排除故障。在设备面板的左侧专门设计了定时器、计数器。定时器用于统计学生排除故障时，老师设定时间。计数器用于统计学生排除器件故障的次数，每开关一次计数一次。

2. 故障现象及故障点

(1) 电源指示灯不亮(HL1 断开)。

(2) 控制回路失效(TC380/127V 副边线圈断开)。

(3) 主轴不能冲动(ST1 常开触点断开)。

(4) 反接制动失效(SB6-1 断开)。

(5) 主轴起动 1 失效(SB1 断开)。

(6) 主轴起动 2 失效(SB2 断开)。

(7) 进给不能冲动(ST2-1 断开)。

(8) 工作台向左、向右失效(ST5-2 断开)。

(9) 圆工作台控制开关处于接通位置时，圆工作台控制全部失效(SA2-2 断开)。

(10) 器件故障 1(KM3 线圈断开)。

(11) 器件故障 2(KM4 线圈断开)。

(12) 器件故障 3(KM4 线圈断开)。

(13) 器件故障 4(KM3 线圈断开)。

(14) 器件故障 5(KM2 线圈断开)。

(15) 器件故障 6(KM1 线圈断开)。

(16) 控制回路失效(20 处线路断开)。

(17) 主轴制动指示灯 YA1 不亮(YA1 断开)。

(18) 工作台快速移动指示灯 YA2 不亮(YA2 断开)。

(19) 工作台快速移动指示灯 YA3 不亮(YA3 断开)。

(20) 主轴制动指示灯不亮(SB6-2 断开)。

 特别注意

(1) 检查前认真阅读电路图，熟练掌握各个控制环节的原理及作用，并认真听取和仔细观察教师的示范。

(2) 由于该机床的电气控制与机械结构的配合十分密切，因此，在出现故障时，应首先判明是机械故障还是电气故障。

(3) 停电后要验电。带电检修时，必须有指导教师在现场监护，以确保用电安全。同时要做好检修记录。

五、X62W 型卧式万能铣床电气控制电路故障检修考核要求及评分标准

评分标准见表 7-4。

表 7-4　X62W 型卧式万能铣床电气控制电路故障检修考核要求及评分标准

序号	考核内容	考核要求	评分标准	配分	扣分	得分
1	按下起动按钮 SB2，M1 起动运转；松开按钮 SB2，M1 随之停止不能起动	分析故障范围，确定故障点并排除故障	(1) 不能确定故障范围，扣 10 分 (2) 不能找出原因，扣 5 分 (3) 不能排除故障，扣 10 分	25 分		
2	主轴电动机运行中停车	分析故障范围，确定故障点并排除故障	(1) 不能确定故障范围，扣 10 分 (2) 不能找出原因，扣 5 分 (3) 不能排除故障，扣 10 分	25 分		
3	按下按钮 SB3，刀架快速移动电动机不能起动	分析故障范围，确定故障点并排除故障	(1) 不能确定故障范围，扣 10 分 (2) 不能找出原因，扣 5 分 (3) 不能排除故障，扣 10 分	25 分		
4	机床照明灯不亮	分析故障范围，确定故障点并排除故障	(1) 不能确定故障范围，扣 10 分 (2) 不能找出原因，扣 5 分 (3) 不能排除故障，扣 10 分	25 分		
5	安全文明生产	按生产规程操作	违反安全文明生产规程，扣 10～30 分			
6	定额工时	4h	每超时 5min(不足 5min 以 5min 计)扣 5 分			
	起始时间		合计	100 分		
	结束时间		教师签字	年　月　日		

知识拓展

　　X62W 型卧式万能铣床中所涉及知识点有：万能转换开关、电气控制电路的基本环节中的电动机的自动控制的正反转控制电路、电动机的制动控制电路、电动机的多地点控制电路等。其中电动机的正反转控制电路和电动机的反接制动控制电路在前面的项目中已学习过，下面先来介绍万能转换开关、电动机的多地点控制电路。

　　一、万能转换开关

　　在 X62W 型卧式万能铣床中用到的一个新器件是万能转换开关。

　　万能转换开关是一种多挡式、多触点、能够控制多回路的主令电器，主要用于各种配电装置的远距离控制，也可以作为电气测量仪表的转换开关或用做小容量电动机的起动、制动、调速和转换的控制。由于触点的挡数多，换接的线路多，用途又广泛，故称为万能转换开关。

1. 万能转换开关的结构及工作原理

万能转换开关中某一层的结构示意图如图 7.9 所示。

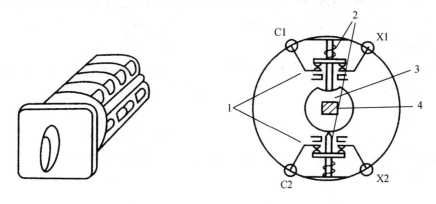

图 7.9　LW5 系列万能转换开关

万能转换开关一般由操作机构、面板、手柄及数个触点底座组成。用螺栓组装成为整体。触点的分断与接通由凸轮进行控制，由于每层凸轮可做成不同形状，因此当手柄转到不同位置时，通过凸轮的作用，可以使各对触点按需要的规律接通和分断。

1) 常用型号

目前常用的万能转换开关型号有 LW2、LW5、LW6、LW8、LW9、LW10、LW12、LW15 和 3LB 等系列。

2) 电气符号

万能转换开关的图形符号、文字符号和通断表如图 7.10 所示。

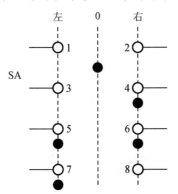

触电	位置		
	左	0	右
1-2		×	
3-4			×
5-6	×		×
7-8	×		

(a) 图形符号、文字符号　　　　　　(b) 通断表

图 7.10　万能转换开关的图形符号、文字符号和通断表

图形符号中每一横线代表一路触点，而竖线的虚线代表手柄位置。哪一对触点接通就在代表该位置的虚线上的触点下面用黑点"•"表示，如图 7.10(a)所示；触点通断也可用通断表来表示，表中"×"表示触点的闭合，无"×"表示触点断开。

2. 万能转换开关的选择

万能转换开关的选择主要从以下几个方面考虑。

(1) 按额定电压和工作电流选用合适的万能转换开关。

(2) 按操作要求选定手柄类型和定位特征。

(3) 按控制要求参照转换开关样本确定触点数量和接线图编号。

(4) 根据工作需要选择面板类型及标志。

二、电动机多地点起停控制电路

在机床应用中，有时为了操作方便需要在不同的地点对机床进行操作，即在不同的地点对电动机进行控制。例如，X62W 型卧式万能铣床在操作台的正面及侧面均能对铣床的工作状态进行操作控制。能在两地或多地控制一台电动机的控制方式称为电动机的多地控制。图 7.11 为三相笼型异步电动机单方向旋转的两地控制电路，其中 SB3、SB1 为安装在甲地的起动按钮和停止按钮，SB4 和 SB2 为安装在乙地的起动按钮和停止按钮。

1. 电路的组成及工作原理

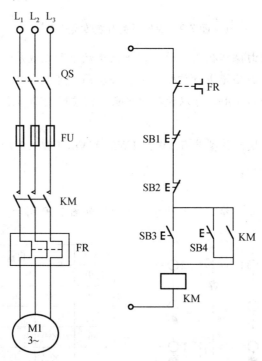

图 7.11　三相笼型异步电动机单方向旋转的两地控制电路

在图 7.11 中，起动按钮 SB3 和 SB4 是并联的，即当任一处按下起动按钮，接触器线圈能通电并自锁；停止按钮 SB1 和 SB2 是串联的，即当任一处按下停止按钮后，都能使接触器线圈断电，电动机停转。

2. 多地控制的规律

对电动机进行多地控制时，所有的起动按钮全部并联在自锁触点两端，按任意一处的起动按钮都可以起动电动机；所有的停止按钮全部串联在接触器线圈回路，按任意一处的停止按钮都可以停止电动机的工作。

项 目 小 结

本项目主要介绍了 X62W 型卧式万能铣床电气控制电路的分析与常见电气故障诊断、生产机械电器控制电路的读图方法、X62W 型卧式万能铣床的电气控制电路的分析方法和分析步骤、工作原理，以及机械与电气控制配合的关系，组成电器线路的一般规律、保护环节以及电器控制电路的操作方法。重点掌握 X62W 型卧式万能铣床电气控制电路分析与常见电气故障诊断方法及铣床电气控制电路与维修。

习 题

一、选择题

1. 接触器励磁线圈应该(   )电路中。
    A. 串联
    B. 并联
    C. 既可串联也可并联
    D. 串联在 FR 所在支路

2. 铣床的制动控制采用的方法是(   )。
    A. 机械制动
    B. 电气制动
    C. 反接制动
    D. 能耗制动

3. 铣床的控制电路中电磁离合器采用(   )电源供电。
    A. 直流
    B. 交流
    C. 高频交流
    D. 不供电

4. 在铣床的电气控制中，速度继电器的作用是(   )。
    A. 反接制动快速停车
    B. 提高主轴电动机的转速
    C. 实现工作台的快速进给
    D. 实现变速冲动控制

5. X62W 型卧式万能铣床的电气控制中速度继电器的轴要与电动机的轴(   )。
    A. 不能同轴
    B. 同轴相连
    C. 有一定的转速差
    D. 同速

6. X62W 型卧式万能铣床的保护有(   )。
    A. 短路保护
    B. 过载保护
    C. 限位保护
    D. 以上三者全有

7. 常用的机床故障诊断检修方法有(   )。
    A. 电阻法
    B. 电压法
    C. 观察法
    D. 三种方法综合利用

8. 在进行铣床的电气控制与维修时，所使用的编程方法是(   )。
    A. 顺序功能流程图法
    B. 梯形图转化法
    C. 经验设计法
    D. 语句表法

9. 铣床的主轴电动机采取停车制动的原因是(   )。
    A. 防止主轴电动机反转
    B. 迅速准确地实现停车控制
    C. 防止电动机失控
    D. 由于惯性继续转动

二、判断题

1. 铣床为了扩大机床的加工能力，可在机床上安装附件圆工作台。   (   )

2. 铣床主轴电动机采用反接制动串接电阻的目的是限制反接制动电流。   (   )

3. 编制梯形图程序时，线圈可以直接与左母线相连。 （ ）

4. 在铣床的电气控制中，速度继电器的作用是调节主轴电动机转速。 （ ）

5. 铣床为了完成顺铣和逆铣，要求电动机正反转，是通过改变电源相序实现的。

（ ）

6. 铣床的圆工作台和进给工作台的控制是通过转换开关控制的。 （ ）

7. 铣床的快速进给电动机的正反转是通过转换开关控制的。 （ ）

8. 铣床中主轴电动机的调速是通过采用机械变速方法实现的。 （ ）

9. 主轴调速时为了使齿轮易于啮合，要求电动机有变速冲动的控制。 （ ）

10. 铣床的照明由变压器供给 220V 电压。 （ ）

11. 铣床的运动有主运动、进给运动和快速移动及变速运动。 （ ）

12. 接触器用来通断大电流电路，同时还具有自动保护功能。 （ ）

13. 低压断路器只具有自动开关的功能，不具有保护功能。 （ ）

14. X62W 型卧式万能铣床的电气控制中，工作台进给可实现 6 个方向的运动。（ ）

15. X62W 型卧式万能铣床的电气控制中，工作台 6 个方向的运动不具有电气联锁保护功能。 （ ）

16. X62W 型卧式万能铣床的电气控制中，主轴电动机采用的制电动方式为电磁抱闸。

（ ）

17. 铣床的电气控制中主轴电动机的正反转是通过转换开关实现的。 （ ）

18. 铣床的主电路常见的故障一般可采用观察法排除。 （ ）

19. X62W 型卧式万能铣床采用圆工作台可加工各种表面和沟槽。 （ ）

三、简答题

1. 简述 X62W 型卧式万能铣床电力拖动的特点及控制要求。

2. 分析 X62W 型卧式万能铣床电气控制电路的工作原理。

3. X62W 型卧式万能铣床的工件能在哪些方向上调整位置或进给？是怎样实现的？

4. X62W 型卧式万能铣床电路中采用了哪些机械联锁、电气联锁和保护？

5. X62W 型卧式万能铣床主轴电动机不能起动，分析其故障原因。

6. X62W 型卧式万能铣床工作台各个方向都不能进给，分析其故障原因。

7. X62W 型卧式万能铣床工作台能向左、右进给，不能向前、后、上、下进给，分析其故障原因。

8. X62W 型卧式万能铣床工作台能向前、后、上、下进给，不能向左、右进给，分析其故障原因。

9. X62W 型卧式万能铣床工作台不能快速移动，分析其故障原因。

项目八

钻床电气控制与维修

本项目首先明确钻床电气控制与维修的工作任务，接着介绍钻床电气控制原理，然后进行钻床电气控制电路板的制作和整机安装调试，最后分析钻床电气控制电路常见故障检测及排除方法。通过本项目的学习应该达到的目标如下。

↘ 项目目标

知识目标	(1) 了解生产机械电气控制电路的读图方法 (2) 掌握摇臂钻床的电气控制电路的分析方法和分析步骤、工作原理以及机械、液压与电气控制配合的关系。组成电气线路的一般规律、保护环节以及电器控制电路的操作方法 (3) 掌握钻床常见电气故障诊断及排除方法
能力目标	(1) 绘制电气原理图、元器件布置图及安装接线图 (2) 安装、调试典型设备 (3) 有初步设计能力 (4) 查找、排除故障

↘ 重难点提示

重　点	摇臂钻床的电气控制电路的分析方法和分析步骤、工作原理以及机械、液压与电气控制配合的关系；常见电气故障诊断方法
难　点	摇臂钻床的立柱与主轴箱的放松与加紧；摇臂钻床摇臂的放松与加紧；常见电气故障诊断方法

↘ 项目导入

什么是钻床？请举例说明在实际生产、生活中应用摇臂钻床的场景。

任务一 认知钻床及用途

常见钻床如图 8.1 所示。

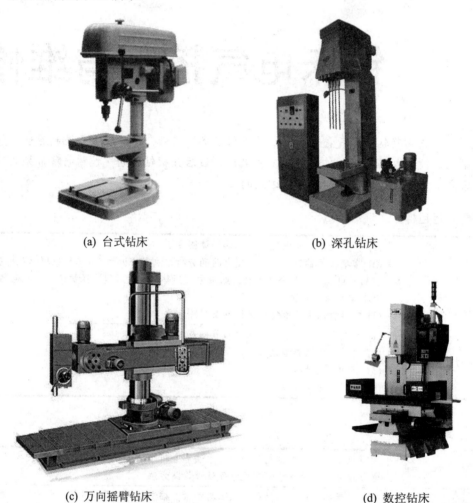

(a) 台式钻床

(b) 深孔钻床

(c) 万向摇臂钻床

(d) 数控钻床

图 8.1 常见钻床

一、钻床的用途

钻床是一种孔加工机床，可用于钻孔、扩孔、铰孔、攻螺纹及修刮断面等多种形式的加工。

钻床的结构形式很多，有立式钻床、卧式钻床、深孔钻床及多轴钻床等。摇臂钻床是一种立式钻床，它适用于单件或批量生产中带有多空大型零件的孔加工，是一般机械加工车间常用的机床，其型号含义如图 8.2 所示。

图 8.2　钻床型号含义图

二、Z3040 型摇臂钻床结构、运动形式及机械与电气的配合

1. Z3040 型摇臂钻床结构及运动形式

Z3040 型摇臂钻床结构如图 8.3 所示。

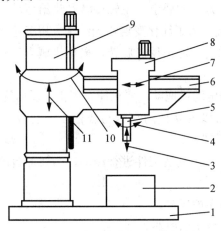

图 8.3　Z3040 型摇臂钻床结构

1—底座；2—工作台；3—主轴纵向进给；4—主轴旋转主运动；5—主轴；6—摇臂；
7—主轴箱沿摇臂径向运动；8—主轴箱；9—内外立柱；10—摇臂回转运动；11—摇臂垂直移动

　　摇臂钻床主要由底座、内立柱、外立柱、摇臂、主轴箱、工作台等组成。内立柱固定在底座上，在它外面空套着外力柱，外力柱可绕着不动的内立柱回转一周。摇臂一端的套筒部分与外力柱滑动配合，借助于丝杆，摇臂可沿外力柱上下移动，但两者不能作相对转动。因此，摇臂只与外力柱一起相对内立柱回转。主轴箱是一个复合部件，它由主电动机、主轴和主轴传动机构、进给和进给变速箱机构以及机床的操作机构等部分组成。主轴箱安装在摇臂水平导轨上，它借助手轮操作使其在水平导轨上沿摇臂作径向运动。当进行加工时，由特殊的夹紧装置将主轴箱紧固在摇臂导轨上，外力柱紧固在内立柱上，摇臂紧固在外力柱上，然后进行钻削加工。钻削加工时，钻头一面旋转进行切削，同时进行纵向进给。可见摇臂钻床的运动为主轴带着钻头的旋转运动；辅助运动有摇臂连同外力柱围绕着内立柱的回旋运动及摇臂在外力柱的上升、下降运动，主轴箱在摇臂上的左右运动等；而主轴的前进移动是机床的进给运动。

　　由于摇臂钻床的运动部件较多，为了简化传动装置，常采用多电动机拖动。通常设有主电动机、摇臂升降电动机、夹紧放松电动机及冷却泵电动机。

2. 机械、液压与电气控制配合的关系

(1) 操纵机构液压系统：该系统压力油由主轴电动机拖动齿轮泵送出。

(2) 夹紧机构液压系统：主轴箱、立柱和摇臂的夹紧与松开，是由液压泵电动机拖动液压泵送出压力油，推动活塞、菱形块来实现的。

三、电力拖动特点及控制要求

(1) 由于摇臂钻床的运动部件较多，为简化传动装置的结构，采用多电动机拖动。主拖动电动机承担主钻削及进给任务，摇臂升降、夹紧放松和冷却泵各用一台电动机拖动。

(2) 主轴变速机构与进给变速机构应该放在一个变速箱内，而且两种运动由一台电动机拖动是合理的。

(3) 为了适应多种加工方式的要求，主轴旋转及进给运动均有较大的调速范围，一般情况下由机械变速机构实现。为了简化变速箱的结构采用多速笼型异步电动机拖动。

(4) 加工螺纹时，要求主轴能正反向旋转，采用机械方法实现。因此，拖动主轴的电动机只需单向旋转。

(5) 摇臂的升降由升降电动机拖动，要求能实现正、反向旋转，采用笼型异步电动机。

(6) 摇臂的夹紧与放松以及立柱的夹紧与放松由一台异步电动机配合液压装置来完成，要求这台电动机能正反转。

(7) 钻削加工时，为了对刀具及工件进行冷却，需要一台冷却泵电动机拖动冷却泵输送冷却液。

(8) 要有必要的联锁和保护环节。

(9) 机床安全照明和信号指示电路。

任务二　Z3040 型摇臂钻床的电气控制工作原理分析

一、电气控制电路分析的内容

(1) 设备说明书。

(2) 电气控制原理图。

(3) 电气设备总接线图。

二、Z3040 型摇臂钻床工作原理及分析

1. Z3040 型摇臂钻床的主电路

电路如图 8.4 所示，包括主轴电动机 M1 的控制、摇臂升降电动机 M2 和液压泵电动机 M3 的控制、立柱主轴箱的松开和夹紧控制。

Z3040 型摇臂钻床设有 4 台电动机，即主轴电动机 M1、冷却泵电动机 M4、摇臂升降电动机 M2 及液压泵电动机 M3。主轴电动机提供主轴转动的动力，是钻床加工主运动的动力源。主轴应具有正反转功能，但主轴电动机只有正转工作模式，反转由机械方法实现。冷却泵电动机用于提供冷却液，只需正转。摇臂升降电动机提供摇臂升降的动力，需正反转。液压泵电动机提供液压油，用于摇臂、立柱和主轴箱的夹紧和松开，也需要正反转。

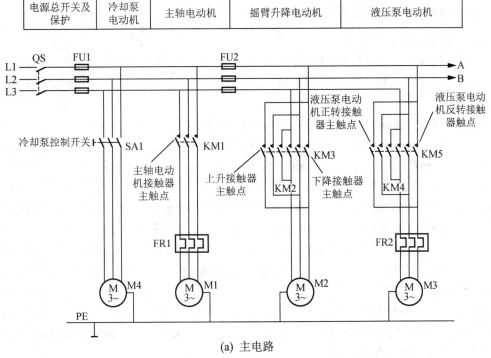

(a) 主电路

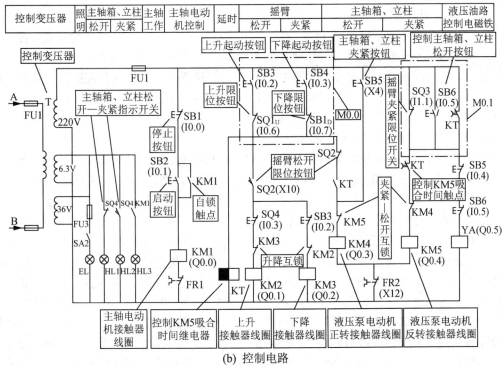

(b) 控制电路

图 8.4　Z3040 型摇臂钻床的继电器接触器控制电路原理图

　　Z3040 型摇臂钻床的操作主要通过手轮及按钮实现。手轮用于主轴箱在摇臂上的移动，这是手动的。按钮用于主轴的起动停止、摇臂的上升下降，立柱主轴箱的放松及夹紧等操作，再配合限位开关实现对机床的调节。

2. Z3040 型摇臂钻床的控制电路

1) 主轴电动机 M1 的控制

按下按钮 SB2，接触器 KM1 得电吸合并自锁，主轴电动机 M1 起动运转，指示灯 HL3 亮。按下停止按钮 SB1 时，接触器 KM1 失电释放，M1 失电停止运转。热继电器 FR1 起过载保护作用。

2) 摇臂升降电动机 M2 和液压泵电动机 M3 的控制

按下按钮 SB3(或 SB4)时，断电延时时间继电器 KT 得电吸合，接触器 KM4 和电磁铁 YA 得电吸合。液压泵电动机 M3 起动运转，供给压力油，压力油经液阀进入摇臂松开油腔，推动活塞和菱形块使摇臂松开。同时限位开关 SQ2 被压住，SQ2 的动断触头断开，接触器 KM4 失电释放，液压泵电动机 M3 停止运转。SQ2 的动合触头闭合，接触器 KM2(或 KM3) 得电吸合，摇臂升降电动机 M2 起动运转，使摇臂上升(或下降)。若摇臂未松开，SQ2 的常开触头不闭合，接触器 KM2(或 KM3)也不能得电吸合，摇臂就不可能升降。摇臂升降到所需位置时松开按钮 SB3(或 SB4)，接触器 KM2(或 KM3)和时间继电器 KT 失电释放，电动机 M2 停止运转，摇臂停止升降。时间继电器 KT 延时闭合的常闭触头经延时闭合，使接触器 KM5 吸合，液压泵电动机 M3 反方向运转，供给压力油。经过机械液压系统，压住限位开关 SQ3，使接触器 KM5 释放。同时，时间继电器 KT 的常开触头延时断开，电磁铁 YA 释放，液压泵电动机 M3 停止运转。

KT 的作用是控制 KM5 的吸合时间，保证 M2 停转、摇臂停止升降后再进行夹紧。摇臂的自动夹紧升降由限位开关 SQ3 来控制。压合 SQ3，使 KM2 或 KM3 失电释放，摇臂升降电动机 M2 停止运转。摇臂升降限位保护由上下限位开关 SQ1$_U$ 和 SQ1$_D$ 实现。上升到极限位置后，常闭触头 SQ1$_U$ 断开，摇臂自动夹紧，与松开上升按钮动作相同；下降到极限位置后，常闭触头 SQ1$_D$ 断开，摇臂自动夹紧，与松开下降按钮动作相同，SQ1 的两对常开触头需调整在"同时"接通位置，动作时一对接通、一对断开。

3) 立柱、主轴箱的松开和夹紧缩控制

按下放松按钮 SB5 (或夹紧按钮 SB6)，KM4(或 KM5)吸合，M3 起动，供给压力油，通过机械液压系统使立柱和主轴箱分别放松(或夹紧)，指示灯亮。主轴箱、摇臂和内外主柱 3 部分的夹紧均由 M3 带动的液压泵提供压力油，通过各自的油缸使其夹紧和放松。

主轴箱和立柱的夹紧和松开是同时进行的。按下松开按钮 SB5，接触器 KM4 线圈通电，液压泵电动机 M3 正转，拖动液压泵送出压力油，这时，电磁阀 YA 线圈处于断电状态，压力油经二位六通阀，进入主轴箱与立柱松开油腔，推动活塞和菱形块，使主轴箱与立轴松开，而由于 YA 线圈断电，压力油不会进入摇臂松开油腔，摇臂仍处于夹紧状态。当主轴箱与立柱松开时，行程开关 SQ4 不受压，触头 SQ4(101～109)闭合，指示灯 HL1 亮，表示主轴箱与立轴确已松开，可以手动操作主轴箱在摇臂的水平导轨上移动，也可推动摇臂(套在外立柱上)使外立柱绕内立柱旋转移动，当移动到位后再按下夹紧按钮 SB6，接触器 KM5 线圈通电，液压泵电动机 M3 反转，拖动液压泵送出压力油至夹紧油腔，使主轴箱与立柱夹紧。当确已夹紧时，按下 SQ4，触头 SQ4(101～109)闭合，HL2 灯亮，而触头 SQ4 (101～107)断开，HL1 灭，指示主轴箱与立柱已夹紧，可以进行钻削加工。

在安装机床后，接通电源，可利用主轴箱与立柱的夹紧、松开来检查电源相序，当电源相序正确后，再来调整摇臂升降电动机 M2 的接线。

4) 冷却泵电动机风的控制

冷却泵电动机 M4 由转换开关 SA1 控制。

任务三　Z3040 型摇臂钻床的电气控制电路板的制作

一、Z3040 型摇臂钻床的电气控制电路元器件布置图的绘制

电气元器件布置图用来表明电气原理图中各元器件的实际安装位置，可视电气控制系统复杂程度采取集中绘制或单独绘制。

电气元器件的布置应注意以下几方面。

(1) 体积大和较重的电气元器件应安装在控制板的下方，而发热元器件应安装在控制板的上面。

(2) 强电、弱电应分开，弱电应屏蔽，防止外界干扰。

(3) 需要经常维护、检修、调整的电气元器件安装位置不宜过高或过低。

(4) 电气元器件的布置应考虑整齐、美观、对称。外形尺寸与结构类似的电器安装在一起，以利于安装和配线。

(5) 电气元器件的布置不宜过密，应留有一定间距。如果用走线槽，应加大各排电器间距，以利于布线和维修。

二、Z3040 型摇臂钻床的电气控制电路元器件接线图的绘制

安装接线图主要用于电器的安装接线、线路检查、线路维修和故障处理，通常接线图与电气原理图和元器件布置图一起使用。

电气接线图的绘制原则如下。

(1) 各电气元器件均按实际安装位置绘出，元器件所占图面按实际尺寸以统一比例绘制。

(2) 一个元器件中所有的带电部件均画在一起，并用点划线框起来，即采用集中表示法。

(3) 各电气元器件的图形符号和文字符号必须与电气原理图一致，并符合国家标准。

(4) 各电气元器件上凡是需接线的部件端子都应绘出，并予以编号，各接线端子的编号必须与电气原理图上的导线编号相一致。

(5) 绘制安装接线图时，走向相同的相邻导线可以绘成一股线。

三、完成实际安装、接线、调试运行

1. 训练工具、仪表及器材

1) 工具

测试笔、螺钉旋具、斜口钳、尖嘴钳、剥线钳、电工刀等。

2) 仪表

兆欧表、万用表、钳形电流表。

3) 器材

(1) 控制板一块(包括所用的低压电气元器件)。

(2) 导线及规格：主电路导线由电动机容量确定；控制电路一般采用截面积为 $1mm^2$

的铜心导线(BV)；按钮线一般采用截面积为 0.75mm^2 的铜心线(RV)；要求主电路与控制电路导线的颜色必须有明显的区别。

(3) 备好编码套管。

根据 Z3040 型摇臂钻床的电气控制原理图绘制出元器件的布置图和安装接线图，再按布线的工艺要求根据安装接线图进行布线和检查，完成 Z3040 型摇臂钻床的电气控制板的制作。Z3040 型摇臂钻床的电气控制电路板所需元器件见表 8-1。

表 8-1　Z3040 型摇臂钻床元器件明细表

代号	名称	型号及规格	数量	用途	备注
M1	主轴电动机	Y112M-4　4kW, 220V/380V, 1440r/min	1	驱动主轴	
M2	摇臂升降电动机	Y90L-4　1.5kW, 220V/380V, 1 410r/min	1	驱动升降	
M3	液压泵电动机	Y802-4	1	驱动液压泵	
M4	冷却泵电动机	J042-4　0.125kW, 220V/380V, 1 440r/min	1	驱动冷却泵输出冷却液	
FR1	热继电器	JR10-10	1	M1 过载保护	
FR2	热继电器	JR10-10	1	M3 过载保护	
KM1	交流接触器	CJ10-20 线圈电压 220V　20A	1	控制 M1	
KM2	摇臂上升接触器	CJ10-10 线圈电压 220V　10A	1	控制 M2	
KM3	摇臂下降接触器	CJ10-10 线圈电压 220V　10A	1	控制 M2	
KM4	液压电动机正转接触器	CJ10-10 线圈电压 220V　10A	1	控制 M3	
KM5	液压电动机反转接触器	CJ10-10 线圈电压 220V　10A	1	控制 M3	
SA1	转换开关	HZ1-10P/3	1	冷却泵电动机转换开关	
SA2	转换开关	HZ1-10P/3	1	照明控制	
SQIU	摇臂上升限位开关	HZ4-22	1	摇臂上升限位	
SQID	摇臂下降限位开关	HZ4-22	1	摇臂下降限位	
SQ2	摇臂松开限位开关	LX5-11	1	摇臂松开限位	
SQ3	位置开关	LX3-11K	1	自动夹紧	
SQ4	主轴箱、立柱夹紧—松开指示开关	LX3-11K	1	主轴箱、立柱夹紧—松开指示开关	
YA	电磁铁线圈		1	液压油路控制	
QS	电源开关	HZ1-25/3	1	电源开关	
T	控制变压器	BK-150VA, 380V/220V、6.3V、36V	1	降压	
EL	机床照明灯	JD3 24V, 40W	1	工作照明	
HL1	主轴箱、立柱松开指示灯		1	主轴箱、立柱松开指示	

续表

代号	名称	型号及规格	数量	用途	备注
HL2	主轴箱、立柱夹紧指示灯		1	主轴箱、立柱夹紧指示	
HL3	主轴工作显示灯		1	主轴工作显示	
FU1	熔断器	RL1-60/30　60A，熔体30A	3	电源短路保护	
FU2	熔断器	RL1-15/5　15A，熔体5A	3	主轴电动机保护	
FU3	熔断器	BLX-15/5　1A	2	控制电路短路保护	
FU4	熔断器	RL1-15/2　15A，熔体2A	1	照明电路保护	
XT	接线端子		1	接线过渡	
SB1	主轴停止按钮	LA19	1	主轴停止	
SB2	主轴起动按钮	LA19	1	主轴起动	
SB3	摇臂上升按钮	LA19	1	摇臂上升	
SB4	摇臂下降按钮	LA19	1	摇臂下降	
SB5	主轴箱、立柱松开按钮	LA19	1	主轴箱、立柱松开	
SB6	主轴箱、立柱夹紧按钮	LA19	1	主轴箱、立柱夹紧	
KT	时间继电器	JS7-4A	1	线圈电压220V	

2. 安装步骤及工艺要求

(1) 根据原理图绘出电动机正反转控制电路的电气位置图和电气接线图。

(2) 按原理图所示配齐所有电气元器件，并进行检验。

① 电气元器件的技术数据(如型号、规格、额定电压、额定电流)应完整并符合要求，外观无损伤。

② 电气元器件的电磁机构动作是否灵活，有无衔铁卡阻等不正常现象，用万用表检测电磁线圈的通断情况以及各触头的分合情况。

③ 接触器的线圈电压和电源电压是否一致。

④ 对电动机的质量进行常规检查(每相绕组的通断，相间绝缘，相对地绝缘)。

3. 在控制板上按电器位置图安装电器元件

工艺要求如下。

(1) 组合开关、熔断器的受电端子应安装在控制板的外侧。

(2) 各个元器件的安装位置应整齐、匀称、间距合理，便于布线及元器件的更换。

(3) 紧固各元器件时要用力均匀，紧固程度要适当。

4. 按接线图的走线方法进行板前明线布线和套编码套管

板前明线布线的工艺要求如下。

(1) 布线通道尽可能地少，同路并行导线按主、控制电路分类集中，单层密排，紧贴安装面布线。

(2) 同一平面的导线应高低一致或前后一致，不能交叉。非交叉不可时，应水平架空跨越，但必须走线合理。

(3) 布线应横平竖直，分布均匀。变换走向时应垂直。

(4) 布线时严禁损伤线芯和导线绝缘。

(5) 在每根剥去绝缘层导线的两端套上编码套管。所有从一个接线端子(或接线桩)到另一个接线端子(或接线桩)的导线必须连接，中间无接头。

(6) 导线与接线端子或接线桩连接时，不得压绝缘层、不反圈及不露铜过长。

(7) 一个电气元器件接线端子上的连接导线不得多于两根。

5. 其他步骤

(1) 根据电气接线图检查控制板布线是否正确。

(2) 安装电动机。

(3) 连接电动机和按钮金属外壳的保护接地线。(若按钮为塑料外壳，则按钮外壳不需接地线)

(4) 连接电源、电动机等控制板外部的导线。

6. 自检

(1) 按电路原理图或电气接线图从电源端开始，逐段核对接线及接线端子处是否正确，有无漏接、错接之处。检查导线接点是否符合要求，压接是否牢固。接触应良好，以免带负载运行时产生闪弧现象。

(2) 用万用表检查线路的通断情况。检查时，应选用倍率适当的电阻挡，并进行校零，以防短路故障发生。对控制电路的检查(可断开主电路)，可将表笔分别搭在 U11、V11 线端上，读数应为 "∞"。按下按钮 SB 时，读数应为接触器线圈的电阻值，然后断开控制电路再检查主电路有无开路或短路现象，此时可用手动来代替接触器通电进行检查。

(3) 用兆欧表检查线路的绝缘电阻应不得小于 0.5MΩ。

7. 通电试车

经指导教师检查无误后通电试车。

试车时先空载试车，观察各器件的动作是否正确，无误后再接上电动机带负载调试。

通电试车完毕先拆除电源线，后拆除负载线。清理工作现场，填写好各种记录。

任务四　Z3040 型摇臂钻床的电气控制电路板的调试与故障诊断

一、故障检修所需工具和设备

1. 工具

试电笔、电工刀、尖嘴钳、斜口钳、剥线钳、螺钉旋具、活扳手等。

2. 仪表

万用表、兆欧表、钳形电流表。

3. 机床

Z3040 型摇臂钻床或 Z3040 型摇臂钻床实训考核装置。

二、Z3040 型摇臂钻床常见故障

摇臂钻床电气控制的特殊环节是摇臂升降。Z3040 型摇臂钻床的工作过程是由电气与机械、液压系统紧密结合实现的。因此，在维修过程中不仅要注意电气部分能否正常工作，也要注意它与机械和液压部分的协调关系。

常见故障有以下几种。

(1) 摇臂不能升降。

(2) 摇臂升降后，摇臂夹不紧。

(3) 立柱、主轴箱不能夹紧或松开。

(4) 摇臂上升或下降限位保护开关失灵。

(5) 按下开关 SQ6，立柱、主轴箱能夹紧，但释放后就松开。

下面仅以摇臂移动中的常见故障作一分析。

1. 摇臂不能升降

由摇臂上升的电气动作过程可知，摇臂移动的前提是摇臂完全松开，此时活塞杆通过弹簧片压下行程开关 SQ2，接触器 KM4 线圈断电，液压泵电动机 M3 停止旋转，而接触器 KM2 线圈通电吸合，摇臂升降电动机 M2 起动旋转，拖动摇臂上升。下面抓住 SQ2 开关有无动作来分析摇臂不能移动的原因。

若 SQ2 不动作，常见故障为 SQ2 安装位置不当或位置发生移动。这样，摇臂虽已松开，但活塞杆仍压不上 SQ2，致使摇臂不能移动。有时也会出现因液压系统发生故障，使摇臂没有完全松开，活塞杆压不上 SQ2，为此，应配合机械、液压系统调整好 SQ2 位置并安装牢固。有时，电动机 M3 电源相序接反，此时按下摇臂上升按钮 SB3 时，电动机 M3 反转，使摇臂夹紧，更压不上 SQ2，摇臂也不会上升。所以，机床大修或安装完毕后，必须认真检查电源相序及电动机正反转是否正确。

2. 摇臂升降后，摇臂夹不紧

摇臂移动到位后，松开按钮 SB3 或 SB4 后，摇臂应自动夹紧，而夹紧动作的结束是由行程开关 SQ3 来控制的。若摇臂夹不紧，说明摇臂控制电路能动作，只是夹紧力不够，这是由于 SQ3 动作过早，使液压泵电动机 M3 在摇臂还未充分夹紧时就停止旋转，往往是由于 SQ3 安装位置不当，过早地动作所致，这是液压系统的故障。有时电气控制系统工作正常，而电磁阀芯卡住或油路堵塞，造成液压控制系统失灵，也会造成摇臂无法移动。所以，在维修工作中应正确判断是电气控制系统还是液压系统的故障。然而，这两者之间又相互联系，为此，应相互配合共同排除故障。

3. 立柱、主轴箱不能夹紧或松开

立柱、主轴箱不能夹紧或松开的可能原因是油路堵塞、接触器 KM4 或 KM5 不能吸合。出现故障时，应检查按钮 SB6、SB7 接线情况是否良好，若接触器 KM4 或 KM5 能吸合，M3 能运转，可排除电气方面的故障，应请液压、机械修理人员检修油路，以确定是否是油路故障。

4. 摇臂上升或下降限位保护开关失灵

组合开关 SQ1 的失灵分两种情况：一是组合开关 SQ1 损坏，SQ1 触头不能因开关动作而闭合或接触不良使线路断开，使摇臂不能上升或下降；二是组合开关 SQ1 不能动作，触头熔焊，使线路始终处于接通状态，当摇臂上升或下降到极限位置后，摇臂升降电动机 M2 发生堵转，这时应立即松开按钮 SB4 或 SB5。根据上述情况进行分析，找出故障原因，更换或修理失灵的组合开关 SQ1 即可。

5. 按下开关 SQ6，立柱、主轴箱能夹紧，但释放后就松开

由于立柱、主轴箱的夹紧和松开机构都采用机械菱形块结构，所以这种故障多为机械原因造成的。可能是菱形块和承压块的角度方向错误，或者距离不合适，也可能因夹紧力调得太大或夹紧液压系统压力不够导致菱形块立不起来，可找机械修理工检修。

三、实训设备故障现象设置

(1) SA1 断开，EL1 不亮(照明不亮)。

(2) TC 380V/127V 副边线圈断开，HL1 不亮(电源指示不亮)。

(3) FU3 保险丝断开，HL1 不亮(电源指示不亮)。

(4) SA2 断开，接触器 KM6 线圈不吸合。

(5) SB1 常闭点断开，主轴电机不转。

(6) KM1 辅助触头断开，主轴电机不转。

(7) SB3 常开点断开，M2 不转。

(8) SQ1-1 断开，M2 不转。

(9) SQ2 断开，M2/M3 不转。

(10) KM3 辅助常闭点断开，M2 不转。

(11) SB4 常开触点断开，M2 不转。

(12) KT 瞬动常开触头断开，立柱松开电机 M3 不转。

(13) SQ3 常开点断开，夹紧限位失效。

(14) KT 延时常闭断开。

(15) KT 延时常开断开。

(16) SB5 常闭点断开。

(17) SB6 常闭点断开。

(18) KM1 线圈断开(器件故障 1)。

(19) KM2 线圈断开(器件故障 2)。

(20) KT 线圈断开(器件故障 3)。

(21) KM3 线圈断开(器件故障 4)。

(22) KM4 线圈断开(器件故障 5)。

(23) KM5 线圈断开(器件故障 6)。

(24) KM6 线圈断开(器件故障 7)。

(25) FR2 常闭点断开(器件故障 8)。

(26) SB6 常开触点闭合，YA 不能断开。

(27) KT 延时闭合继电器不能正常闭合。

(28) KM1 辅助常开闭合时，灯 HL2 不亮。

(29) KM3 辅助常开闭合时，灯 HL4 不亮。

四、Z3040 型摇臂钻床的电气控制电路板制作考核要求及评分标准

评分标准见表 8-2。

表 8-2 Z3040 型摇臂钻床的电气控制电路板制作考核要求及评分标准

测评内容	配分	评分标准		操作时间	扣分	得分
绘制电气元器件	10	绘制不正确	每处扣 2 分	20min		
安装元器件	20	1. 不按图安装 2. 元器件安装不牢固 3. 元器件安装不整齐、不合理 4. 损坏元器件	扣 5 分 每处扣 2 分 每处扣 2 分 扣 10 分	20min		
布线	50	1. 导线截面选择不正确 2. 不按图接线 3. 布线不合要求 4. 接点松动，露铜过长，螺钉压绝缘层等 5. 损坏导线绝缘或线芯 6. 漏接接地线	扣 5 分 扣 10 分 每处扣 2 分 每处扣 1 分 每处扣 2 分 扣 5 分	60min		
通电试车	20	1. 第一次试车不成功 2. 第二次试车不成功 3. 第三次试车不成功	扣 5 分 扣 5 分 扣 5 分	20min		
安全文明操作		违反安全生产规程	扣 5～20 分			
定额时间 (3h)	开始 时间 （ ） 结束 时间 （ ）	每超时 2min 扣 5 分				
合计总分						

五、Z3040 型摇臂钻床的电气控制电路故障检修考核要求及评分标准

评分标准见表 8-3。

表 8-3 Z3040 型摇臂钻床的电气控制电路故障检修考核要求及评分标准

序号	考核内容	考核要求	评分标准	配分	扣分	得分
1	按下起动按钮 SB2，M1 起动运转；松开按钮 SB2，M1 随之停止不能起动	分析故障范围，确定故障点并排除故障	(1) 不能确定故障范围，扣 10 分 (2) 不能找出原因，扣 5 分 (3) 不能排除故障，扣 10 分	25 分		

续表

序号	考核内容	考核要求	评分标准	配分	扣分	得分
2	主轴电动机运行中停车	分析故障范围，确定故障点并排除故障	(1) 不能确定故障范围，扣 10 分 (2) 不能找出原因，扣 5 分 (3) 不能排除故障，扣 10 分	25 分		
3	按下按钮 SB3，摇臂不能松开	分析故障范围，确定故障点并排除故障	(1) 不能确定故障范围，扣 10 分 (2) 不能找出原因，扣 5 分 (3) 不能排除故障，扣 10 分	25 分		
4	机床照明灯不亮	分析故障范围，确定故障点并排除故障	(1) 不能确定故障范围，扣 10 分 (2) 不能找出原因，扣 5 分 (3) 不能排除故障，扣 10 分	25 分		
5	安全文明生产	按生产规程操作	违反安全文明生产规程，扣 10～30 分			
6	定额工时	4h	每超时 5min(不足 5min 以 5min 计)扣 5 分			
	起始时间		合计	100 分		
	结束时间		教师签字	年　　月　　日		

项 目 小 结

本项目主要介绍了 Z3040 型摇臂钻床的电气控制电路分析与常见电气故障诊断；介绍了生产机械电气控制电路的读图方法；Z3040 型摇臂钻床的电气控制电路的制作方法和制作步骤，并分析了摇臂钻床的工作原理以及机械、液压与电气控制配合的关系；组成电器线路的一般规律、保护环节以及电器控制电路的操作方法。重点掌握 Z3040 型摇臂钻床的电气控制电路分析、制作步聚与常见电气故障诊断方法。

习　　题

一、选择题

1. 图 8.4 中 Z3040 型摇臂钻床由(　　)台电动机构成。

　　A. 三台　　　　　　B. 两台　　　　　　C. 四台　　　　　　D. 五台

2. 图 8.4 中 Z3040 型摇臂钻床主轴电动机是通过(　　)实现正反转控制的。

　　A. 机械方法　　　　　　　　　　B. 电源相序换相

　　C. 倒序开关　　　　　　　　　　D. 转换并关

3. FR1 是对哪台电动机起过载保护作用的？(　　)

　　A. M1　　　　　　B. M2　　　　　　C. M3　　　　　　D. M4

4. Z3040 型钻床的外力柱可绕着不动的内力柱回转(　　)。

　　A. 90°　　　　　　B. 180°　　　　　　C. 270°　　　　　　D. 360°

5. Z3040 型钻床的摇臂夹紧与放松是由(　　)控制的。

　　A. 机械　　　　　　　　　　　B. 电气

　　C. 机械和电气联合　　　　　　D. 主轴

6. Z3040 型钻床夹紧装置压力油由(　　)电动机提供。

　　A. 主轴　　　　B. 液压泵　　　　C. 升降　　　　D. 冷却泵

7. Z3040 型钻床的型号中"40"的意义是(　　)。

　　A. 最大钻孔直径　　B. 摇臂钻床型　　C. 床身长　　　D. 床宽

8. Z3040 型钻床液压泵电动机相序如果接错,摇臂(　　)。

　　A. 可以上升　　　B. 可以下降　　　C. 不能升降　　　D. 短路

9. Z3040 型钻床液压泵电动机相序如果接错,摇臂(　　)。

　　A. 可以上升　　　B. 可以下降　　　C. 不能升降　　　D. 短路

10. 在绘制电气原理图时,同一个电器的不同器件可以不画在一起的是(　　)

　　A. 电气原理图　　B. 电器布置图　　C. 电气安装图　　D. 电气系统图

11. Z3040 型摇臂钻床电气控制电路中,主轴箱与立柱在松开、夹紧控制时,YA 电磁阀应(　　)。

　　A. 得电　　　　　B. 不得电　　　　C. 都可以　　　　D. 以上三者都不对

二、判断题

1. Z3040 型摇臂钻床电气控制电路中,摇臂上升时 YA 不得电。　　　　　　(　　)

2. Z3040 型钻床电气控制电路中,主轴电动机工作时,液压泵电动机不一定工作。

　　　　　　　　　　　　　　　　　　　　　　　　　　　　　　　　　　(　　)

3. Z3040 型钻床电气控制电路中,立柱、主轴箱处于松、紧状态时,YA 都不得电。

　　　　　　　　　　　　　　　　　　　　　　　　　　　　　　　　　　(　　)

4. Z3040 型钻床电气控制电路中,KT 延时断开触点的作用是摇臂上升或下降到位后,保证 KM5、YA 得电,使摇臂重新处于夹紧状态。　　　　　　　　　　　　(　　)

5. Z3040 型钻床电气控制电路中,摇臂上升或下降到终端时,SQ1 常闭触点都断开。

　　　　　　　　　　　　　　　　　　　　　　　　　　　　　　　　　　(　　)

6. Z3040 型钻床电气控制电路中,摇臂处于夹紧状态时,SQ3 常闭触点处于断开状态。　　　　　　　　　　　　　　　　　　　　　　　　　　　　　　　　　(　　)

7. Z3040 型钻床电气控制电路中,SQ 4 常开触点闭合只表示立柱处于松开状态。

　　　　　　　　　　　　　　　　　　　　　　　　　　　　　　　　　　(　　)

8. Z3040 型钻床电气控制电路中,FU 2 中 U 相熔体熔断,主轴电动机可正常工作。

　　　　　　　　　　　　　　　　　　　　　　　　　　　　　　　　　　(　　)

9. 摇臂升降控制与时间继电器的延时触头无关。　　　　　　　　　　　　(　　)

10. Z3040 型钻床电气控制电路中,摇臂升降工作时,KT 得电,KM4 也得电,使摇臂先松开,而后 KM5 得电,使摇臂重新夹紧。　　　　　　　　　　　　　　(　　)

11. Z3040 型钻床电气控制电路中,摇臂松开、夹紧时,YA 都得电。　　　　(　　)

12. 使用摇臂钻床时,摇臂的升降要严格按照摇臂松开→升降→夹紧的程序进行。(　　)

13. Z3040 型钻床电气控制电路中，主轴电动机工作时，液压泵电动机也一定工作。

（　　）

14. Z3040 型钻床电气控制电路中，摇臂与外立柱处于松、紧状态时，YA 都不得电。

（　　）

15. Z3040 型钻床电气控制电路中，KT 的作用是控制 KM5 的吸合时间。　　（　　）

16. Z3040 型钻床电气控制电路中，压下限位开关 SQ4，HL2 灯亮，表示主轴箱与立柱处于夹紧状态。　　（　　）

三、简答题

1. 分析 Z3040 型摇臂钻床电气控制电路的工作原理。

2. 在 Z3040 型摇臂钻床电路中，时间继电器 KT 与电磁阀 YA 在什么时候动作？YA 动作时间比 KT 长还是短？YA 什么时候不动作？

3. 在 Z3040 型摇臂钻床电路中，时间继电器 KT1、KT2、KT3 的作用是什么？

4. 在 Z3040 型摇臂钻床的摇臂升降过程中，液压泵电动机 M3 和摇臂升降电动机 M2 应如何配合工作？并以摇臂上升为例叙述电路工作情况。

5. 在 Z3040 型摇臂钻床电路中，SQ1、SQ2、SQ3、SQ4、SQ5 各行程开关的作用是什么？结合电路工作情况进行说明。

6. Z3040 型摇臂钻床主轴电机不能起动或停止，分析其故障原因。

7. Z3040 型摇臂钻床摇臂升降、松紧电路的故障有哪些？分析其故障原因。

8. 分析 Z3040 型摇臂钻床主轴箱和立柱的松紧故障。

9. Z3040 型摇臂钻床电力拖动的特点及控制要求是什么？

项目九

20/5t 桥式起重机电气控制与维修

在本项目中，首先明确桥式起重机电气控制与维修的任务，接着学习桥式起重机电气控制原理，然后进行桥式起重机电气控制电路板整机安装调试及故障检修。通过本项目的学习应该实现的工作目标如下。

▶ 项目目标

知识目标	(1) 了解生产机械电器控制电路的读图方法 (2) 掌握桥式起重机的电气控制电路的分析方法和分析步骤、工作原理以及机械与电气控制配合的关系，组成电气线路的一般规律、保护环节以及电器控制电路的操作方法
能力目标	(1) 绘制电气原理图、元器件布置图及安装接线图 (2) 安装、调试典型设备 (3) 有初步设计能力 (4) 查找、排除故障能力

▶ 重难点提示

重　点	桥式起重机电气控制电路常见电气故障诊断方法
难　点	桥式起重机电气控制原理

▶ 项目导入

你见过起重机吗？你能举出几种起重机在生产、生活中应用的实例吗？

任务一　初步认识起重机

常见起重机如图 9.1 所示。

(a) 单梁桥式起重机

(b) 双梁桥式起重机

(c) 门式起重机

(d) 塔式起重机

图 9.1　常见起重机

阅读相关资料可了解以下内容。

一、起重机的用途

在工矿企业、港口、车站、建筑安装等部门广泛使用着各种起重设备，主要包括一些小型起重设备和大型起重设备。电动葫芦是常见的小型起重设备，而桥式起重机是具有起重吊钩或其他取物装置，在空间内实现垂直升降和水平运移重物的大型起重设备，在工矿企业中广泛应用。

二、桥式起重机的主要技术参数

桥式起重机的主要技术参数有额定起重量、跨度、提升高度、移行速度、提升机构、工作类型及负荷持续率等，如图 9.2 所示。

1. 额定起重量

额定起重量是指起重机实际允许吊起的最大负荷量，以吨(t)为单位。

我国生产的桥式起重机系列起重量有 5t、10t、15/3t、20/5t、30/5t、50/10t、75/20t、100/20t、125/20t、150/30t、200/30t、250/30t 等多种。其中，用分数表示的分子为主钩起重量，分母为副钩起重量。

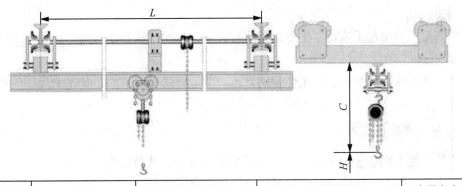

型号	起重量/t					起吊高度H/m	跨度/m	起吊方式
SDXQ	1	2	3	5	10	6	5、6、7、8、9…16	手动

图 9.2　主要技术参数

2. 跨度

起重机主梁两端车轮中心线间的距离，即大车轨道中心线间的距离称为跨度，以米(m)为单位。

我国生产的桥式起重机一般跨度有 10.5m、13.5m、16.5m、19.5m、22.5m、25.5m、28.5m、31.5m 等规格。

3. 提升高度

吊具或抓物装置的上极限位置与下极限位置之间的距离称为起重机的提升高度，以米(m)为单位。

一般常用起重机的提升高度有 12m、16m、12/14m、16/18m、19/21m、20/22m、21/23m、22/26m 等。其中，用分数表示的分子为主钩提升高度，分母为副钩提升高度。

4. 移行速度

移行机构在拖动电动机额定转速下运行的速度，以米/每分钟(m/min)为单位。小车移行速度一般不超过 40～60m/min，大车移行速度一般不超 100～135m/min。

5. 提升机构

提升机构在提升电动机额定转速时，取物装置上升的速度，以米/每分钟(m/min)为单位。最大速度不超过 30m/min，根据货物性质、重量、提升要求来决定。

6. 工作类型

起重机按其载荷率和工作繁忙程度可分为轻级、中级、重级和特重级 4 种工作类型。

1) 轻级

工作速度低，使用次数少，满载机会少，负荷持续率为 15%。用于工作不繁重的场所，如在水电站、发电厂中用做安装检修用的起重机。

2) 中级

经常在不同载荷下工作，速度中等，工作不太繁重，负荷持续率为 25%，如一般机械加工车间和装配车间的起重机。

3) 重级

工作繁重，经常在重载荷下工作，负荷持续率为40%，如冶金重负荷桥式起重机。

4) 特重级

经常工作在额定负荷状态，工作特别繁忙，负荷持续率为60%，如冶金专用的桥式起重机。

7. 负荷持续率

由于桥式起重机为断续工作，其工作的繁重程度用负荷持续率 ε 表示。负荷持续率为一个工作周期内的工作时间占整个周期的百分比，公式如下：

$$\varepsilon = \frac{t_g}{T} \times 100\% = \frac{t_g}{t_g + t_o} \times 100\% \qquad (9\text{-}1)$$

式中

t_g——通电工作时间；

T——工作周期；

t_o——休息时间。

一个工作周期通常定为10min。标准的负荷持续率规定为15%、25%、40%、60%共4种。

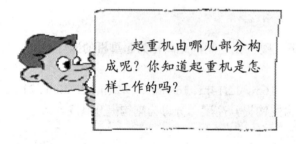

起重机由哪几部分构成呢？你知道起重机是怎样工作的吗？

三、桥式起重机的结构

桥式起重机一般由桥架(又称为大车)、装有提升机构的小车、大车移行机构、操作室、小车导电装置(辅助滑线)、起重机总电源导电装置(主滑线)等部分组成。

桥式起重机的桥架称为大车，大车可以沿车间两侧立柱的轨道做纵向(前后)移动；大车上设有小车专用轨道，供小车沿轨道做横向(左右)移动；主钩和副钩都装在小车上，副钩用来提升5吨以下的较轻物件，主钩用来提升不大于20吨的重物；副钩在其额定负载范围内可协同主钩完成吊运工作，但不允许主、副钩同时提升两个物件；当两个吊钩同时使用时，起吊总重量最大不能超过主钩的额定质量。

桥式起重机的结构如图9.3所示。

1. 桥架

桥架是桥式起重机的基本构件，它由主梁、端梁、走台等部分组成。主梁跨架在跨间的上空，有箱型、桁架、腹板、圆管等结构式。主梁两端有端梁，在两主梁外侧有走台，设有安全栏杆。在操纵室一侧的走台上装有大车移行机构，在另一侧走台上装有给小车电气设备供电的装置，即辅助滑线。在主梁上方铺有导轨，供小车移动。整个桥式起重机在大车移行机构拖动下，沿车间长度方向的导轨移动。

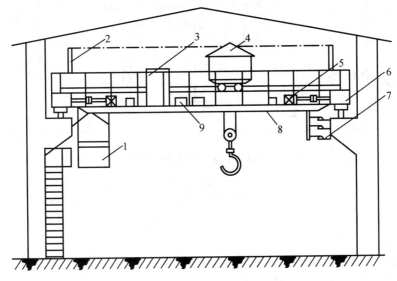

图 9.3　桥式起重机总体示意图

1—驾驶室；2—辅助滑线架；3—交流磁力控制盘；4—起重小车；5—大车拖动电动机；
6—端梁；7—主滑线；8—主梁；9—电阻箱

2. 大车移行机构

大车移行机构由大车拖动电动机、传动轴、联轴节、减速器、车轮及制动器等部件构成。安装方式有集中驱动与分别驱动两种。集中驱动方式，由一台电动机减速机构驱动两个主动轮；分别驱动方式，由两台电动机分别驱动两个主动轮。后者自重轻，安装、调试方便，我国生产的桥式起重机大多采用分别驱动方式。

3. 小车

小车安放在桥架导轨上，可沿车间宽度方向移动。小车主要由钢板焊接而成的小车架以及其上的小车移行机构和提升机构等组成。

小车移行机构由小车电动机、制动器、联轴节、减速器及车轮等组成。小车电动机经减速器驱动小车主动轮，拖动小车沿导轨移动。由于小车主动轮相距较近，故由一台电动机驱动。

4. 提升机构

提升机构由提升电动机、节减速器、卷筒、制动器等组成。提升电动机经联轴节、制动轮，与减速器联结，减速器的输出轴与缠绕钢丝绳的卷筒相联结，钢丝绳的另一端装有吊钩，当卷筒转动时，吊钩就随钢丝绳在卷筒上的缠绕或放开而上升或下降。图 9.4 为小车传动机构示意图。对于起重量在 15t 及以上的起重机，备有两套提升机构，即主钩与副钩。

由以上内容可知，重物在吊钩上随着卷筒的旋转而上下运动；随着小车在车间宽度方向而左右运动，并能随大车在车间长度方向做前后运动，这样就可实现重物在垂直、横向、纵向 3 个方向的运动，把重物移至车间任一位置，完成起重运输任务。

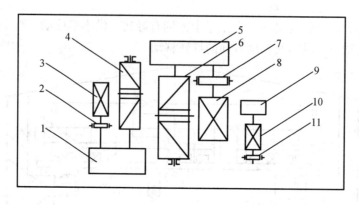

图 9.4　小车传动机构示意图

1—副卷场；5—主卷场；2、7、11—制动器；
3、8、10—电动机；4—副卷筒；6—主卷筒；9—小车的减速器

5. 操作室

操作室是操纵起重机的吊舱，又称为驾驶室。操纵室内有大、小车移行机构控制装置，提升机构装置以及起重机的保护装置等。

操纵室一般固定在主梁的一端，也有少数装在小车下方随小车移动。操纵室上方开有通向走台的舱口，供检修大车与小车机械与电气设备时人员上下用。

四、桥式起重机对电力拖动的要求

桥式起重机的工作性质为重复、短时工作制，因此拖动电动机经常处于起动、制动、正反转状态；起重机的负载很不规律，时重时轻并经常承受过载和机械冲击。起重机的工作环境较为恶劣，所以对起重用电动机、提升机构及移行机构电力拖动提出了下列要求。

1. 对起重用电动机的要求

(1) 为了满足起重机重复、短时工作制的要求，其拖动电动机按相应的重复、短时工作制设计制造，用负荷持续率 ε 表示。

(2) 为了能在频繁的重载下起动，要求电动机具有较大的起动转矩和过载能力。

(3) 为适应频繁起动、制动，加快过渡过程和减小起动损耗，起重电动机的转动惯量应较小；在结构特征上，转子长度与直径的比值较大，转子制成细长形。

(4) 为了获得不同的运行速度，采用绕线型异步电动机转子串接电阻进行调节。

(5) 为了适应恶劣的环境和机械冲击，电动机采用封闭式，且具有坚固的机械结构的气隙，采用较高的耐热绝缘等级。

现在我国生产的新系列起重用电动机为 YZR 与 YZ 系列，前者为绕线型异步电动机，后者为笼型异步电动机。

起重用电动机铭牌上标注有基准负荷持续率及对应的额定功率。在实际使用时电动机不一定工作在基准负荷持续率下，而当电动机工作在其他任意负荷持续率时，电动机的额定功率按式(9-2)近似计算。

$$P' = P_N \sqrt{\frac{\varepsilon_N}{\varepsilon'}} \qquad\qquad (9\text{-}2)$$

式中 P'——任一负荷持续率下的功率，kW；

P_N——基准负荷持续下的电动机额定功率，kW；

ε_N——基准负荷持续率；

ε——任意负荷持续率。

2. 对提升机构与移行机构电力拖动的要求

(1) 具有合适的升降速度，空钩能实现快速升降，轻载时提升速度大于重载时的提升速度。

(2) 具有一定的调速范围，普通起重机调速范围为 2～3 级。

(3) 具有适当的低速区。当提升重物开始或下降重物至预定位置之前，都要求低速运行。为此，往往在 30% 额定速度内分成若干挡级，以便灵活地进行选择。但由高速向低速过渡时应逐级减速，以保持稳定运行。

(4) 提升的第一挡作为预备级，用以消除传动系统中的齿轮间隙，将钢丝绳张紧，避免过大的机械冲击。预备级的起动转矩一般限制在额定转矩的一半以下。

(5) 在负载下放时，根据负载的大小，提升电动机既可工作在电动状态，也可工作在倒拉反接制动态或再生发电制动状态，以满足对不同下降速度的要求。

(6) 为了保证安全可靠地工作，不仅需要机械抱闸的机械制动，还应具有电气制动以减轻机械抱闸的负担。

大车与小车移行机构对电力拖动的要求比较简单，要求有一定的调速范围，为实现准确停车，必须采用制动停车。

由于桥式起重机应用广泛，起重机的电气设备均已系列化、标准化，可根据电动机的功率、工作频繁程度以及对可靠性的要求等来选择。

五、桥式起重机电动机的工作状态

对于移行机构拖动用电动机，其负载为摩擦力矩，它始终为反抗力矩，所以移行机构拖动用电动机工作在正反向电动状态。

对于提升机构情况则比较复杂，除存在较小的摩擦力矩外，主要是重物和吊钩的重力矩。重力矩提升时呈现为阻力矩；下降时却呈现为动力矩。所以，提升机构工作时，拖动电动机依负载情况不同工作状态也不一样。

1. 提升重物时电动机的工作状态

提升重物时，电动机承受两个阻力矩，一个是重物的自重产生的重力转矩 T_g；另一个是在提升过程中传动系统存在的摩擦转矩 T_f。当电动机电磁转矩克服阻力转矩时，重物将被提升，电动机处于电动状态，以提升方向为正向旋转方向，则电动机工作在正向电动状态，如图 9.5 所示。

$T_e = T_g + T_f$ 时，电动机稳定运行在 n_a 转速下。而在起动时，为获得较大的起动转矩，减少起动电流，往往在绕线型异步电动机转子电路中串接电阻，然后再依次切除，使提升速度逐渐升高，最后达到预定提升速度。

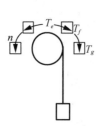

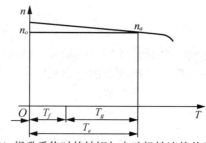

(a) 提升重物的电动状态   (b) 提升重物时的转矩与电动机转速的关系

图 9.5　提升重物时的电动工作状态

2. 下降重物时电动机的工作状态

1) 反向电动状态

当空钩或轻载下放重物时，由于负载的重力转矩小于摩擦转矩，这时依靠重物自身重量不能下降，为此电动机必须向着重物下降方向产生电磁转矩，与重力矩一起克服摩擦转矩，强迫空钩或轻载下放，如图 9.6(a)所示。此时 T_e 与 T_g 方向一致，当 $T_e+T_g=T_f$ 时，电动机稳定运行在 n_a 转速下放重物。此时电动机工作在反向电动状态，又称为强力下放重物。

2) 再发生电制动状态

当重物下放时，若拖动电动机按反转相序接通电源，此时电磁转矩 T_e 方向与重力转矩 T_g 方向相同，这时电动机将在 T_e 和 T_g 共同作用下加速旋转，当 $n=n_o$ 时，电磁转矩为零，但电动机在重力转矩作用下仍加速并超过电动机的同步转速。当 $T_e+T_g=T_f$ 时电动机稳定运行在高于电动机同步转速的速度 n_b 上，如图 9.6(b)所示，这时电动机工作在再发生电制动状态，下放重物是超同步转速状态下放，为使下放速度不致过快，应运行在较硬的机械特性上，最好运行在转子电阻全部切除的特性上。

3) 倒拉反接制动状态

当负载较重时，为了实现低速下降，可采用倒拉反接制动状态。这时电动机按正转接线，产生向上的电磁转矩 T_e，这时 T_e 与重力转矩 T_g 方向相反，成为阻碍重物下放的制动转矩，以此来减低重物下放速度，如图 9.6(c)所示。当 $T_g=T_f+T_e$ 时，电动机以 n_c 转速稳定运行下放重物。为低速下放重物，电动机转子中应串接较大电阻，特性较软为好。

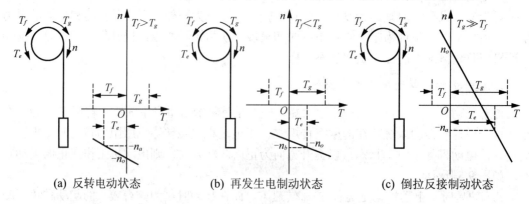

(a) 反转电动状态　　　　(b) 再发生电制动状态　　　　(c) 倒拉反接制动状态

图 9.6　下放重物时电动机的 3 种工作状态

任务二　20/5t 桥式起重机的电气控制工作原理分析

在桥式起重机的控制电路中，一般选用绕线式感应电动机作为驱动部件，利用在其转子中串接可调电阻的方式(即通过改变转子回路的电阻值)，来达到调节电动机输出转矩和转速的目的，同时还可以起到限制电动机起动电流的作用。在起重机各个不同的控制电路中，控制的方法也有所不同，下面介绍桥式起重机的电气控制工作原理。

一、凸轮控制器的结构及控制原理

凸轮控制器是一种大型手动控制电器，用以直接操作控制电动机的正反转、转速、起动与停止。凸轮控制器是靠凸轮运动来使触点动作的。应用凸轮控制器控制的电动机控制电路简单，维护方便，被广泛用于中、小型起重机的平移机构和小型起重机的提升机构的控制中。

1. 凸轮控制器的结构及工作原理

凸轮控制器主要由手轮、触头系统、凸轮、转轴等组成。KTJ1 系列凸轮控制器结构如图 9.7 所示，凸轮转动时，凹凸部分推动滚轮使触头动作，触点闭合或分断。图 9.8 所示为 KTJ-50/1 型凸轮控制器的触头分合表，左侧是凸轮控制器的 12 对触头，上面一行阿拉伯数字表示手轮的 11 个位置。手轮所在位置可接通的触点打有"·"，不接通的为空白。

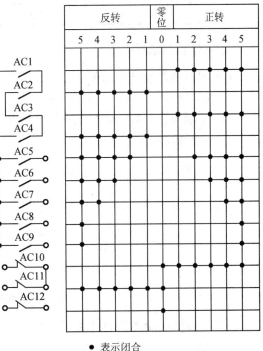

	反转					零位	正转				
	5	4	3	2	1	0	1	2	3	4	5

● 表示闭合

图 9.8　KTJ-50/1 型凸轮控制器的触头分合表

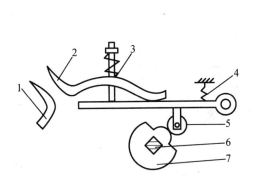

图 9.7　凸轮控制器的结构原理图

1—静触点；2—动触点；3—触点弹簧；
4—复位弹簧；5—滚子；6—绝缘方轴；7—凸轮

在 12 对触头中有 9 对常开触头，3 对常闭触头。AC1～AC4 的 4 对常开触头接于主电路，带灭弧罩；AC5～AC9 接转子电阻 R，用于起动或调速；AC10～AC12 接在电动机控制电路中起零位保护作用。

2. 凸轮控制器的主要参数

(1) 手柄位置：手柄位置不同，接通或断开的触点不同。

(2) 额定电流：凸轮控制器在不同的工作制中允许的工作电流。

(3) 额定控制功率：在不同的电压下凸轮控制器的控制功率。

(4) 操作次数：每小时允许的操作次数。

表 9-1 列出了 KTJ1 型凸轮控制器的技术参数。

表 9-1 KTJ1 型凸轮控制器的技术参数

型　　号	位置数		额定电流/A		额定控制功率/kW		操作次数/(次·h)
	向前	向后	通电持续率小于40%	长期工作制	220V	380V	
KTJ1-50/1	5	5	75	50	16	16	
KTJ1-50/2	5	5	75	50	×	×	
KTJ1-50/3	1	1	75	50	11	11	600
KTJ1-80/1	6	6	120	80	22	30	
KTJ1-80/3	6	6	120	80	22	30	

3. 凸轮控制器的选择

(1) 根据被控制电路的额定电压、额定电流、设备容量和工作制，选择凸轮控制器的额定电压、额定电流和额定控制功率。

(2) 根据要控制的电路触点数和位置数选择凸轮控制器的位置数。

4. 常用凸轮控制器及型号含义

常用凸轮控制器有 KTJ1、KTJ10、KTJ14、KTJ15 等系列，型号含义如图 9.9 所示。

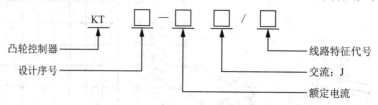

图 9.9 凸轮控制器型号含义

二、凸轮控制器控制的小车移行机构控制电路

1. 控制电路的特点

1) 可逆对称电路

通过凸轮控制器触点来换接电动机定子电源相序，实现电动机正反转及改变电动机转子外接电阻。凸轮控制器的手柄在正转和反转对应位置时，电动机的工作情况完全相同。

2) 串接不对称电阻

由于凸轮控制器的触点数量有限，为了获得尽可能多的调速等级，电动机转子应串接不对称电阻。

2. 控制电路分析

在图 9.10 中，凸轮控制器左右各有 5 个工作位置，共有 9 对常开触点、3 对常闭触点，采用对称接法。其中 4 对常开触点接于电动机定子电路进行换相控制，实现电动机正反转；另外的 5 对主触点接于电动机转子电路，实现转子电阻的接入和切除。由于转子电阻采用不对称接法，在凸轮控制器提升或下放的 5 个位置，逐级切除转子电阻，以得到不同的运行速度。3 对常闭触点，其中一对用于实现零位保护，另两对常闭触点与上升限位开关 SQ2 实现限位保护。

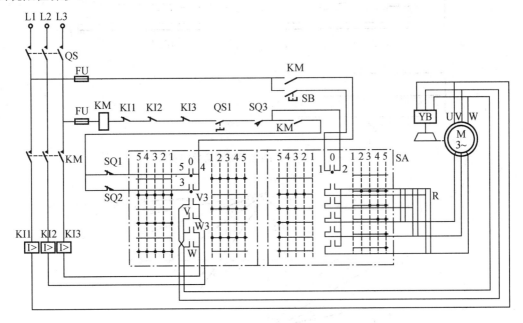

图 9.10　KTI4-25J/1 型凸轮控制器控制原理

此外，在凸轮控制器控制的电路中，KI1～KI3 为过电流继电器，实现过载与短路保护；QS1 为紧急开关，实现事故情况下的紧急停车；SQ3 为驾驶室顶舱门口上安装的舱口门安全开门，防止人在桥架上开车造成人身事故；YB 为电磁抱闸线圈，实现准确停车。

当凸轮控制器手柄在"0"位置时，合上电源开关 QS，按下起动按钮 SB 后，接触器 KM 接通并自锁，做好起动准备。

当凸轮控制器手柄向左右各位置转动时，对应触点两端 W 与 V3 接通，V 与 W3 接通，电动机正转运行。手柄向左各位置转动时，对应触点两端 V 与 V3 接通，W 与 W3 接通，可见接到电动机定子的两相电源对调，电动机反转运行，从而实现电动机正转与反转控制。

当凸轮控制器手柄置在"1"位置时，转子外接全部电阻，电动机处于最低速运行，如图 9.11(a)所示。手柄转动在"2"、"3"、"4"、"5"位置时，依次短接(即切除)不对称电阻，如图 9.11(b)、图 9.11(c)、图 9.11(d)、图 9.11(e)所示，电动机的转速逐渐升高。因此通过控制凸轮控制器手柄的不同位置，可调节电动机的转速，获得如图9.12所示的机械特性曲线。取第1挡("1"位置)起动的转矩为$0.75T_N$，作为切换转矩(满载起动时作为预备级，轻载起动时作为起动级)。凸轮控制器分别转到"1"、"2"、"3"、"4"、"5"位置时，分别对应图9.12中的机械特性曲线1、2、3、4、5。手柄在"5"的位置时，转子电路的外接电阻全部切除，电动机运行在固有机械特性曲线上。

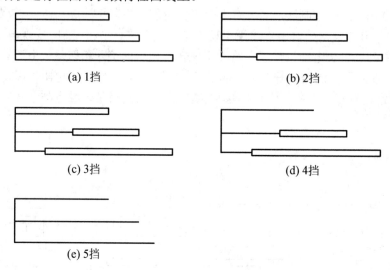

(a) 1挡

(b) 2挡

(c) 3挡

(d) 4挡

(e) 5挡

图9.11 转子电路电阻逐级切除情况

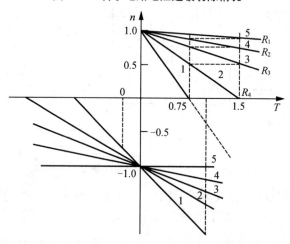

图9.12 凸轮控制器控制的电动机机械特性

在运行中若将限位开关SQ1和SQ2撞开，将切断接触器KM的控制电路，KM失电，电动机电源切除，同时电磁抱闸YB断电，制动器将电动机制动轮抱住，达到准确停车，因而可以防止发生越位事故，起到限位保护作用。

在正常工作时，若发生停电事故，接触器KM断电，电动机停止转动。一旦重新恢复供电，电动机不会自行起动，而必须将凸轮控制器手柄返回倒"0"位再次按下起动按钮SB，再将手柄转动至所需位置，电动机才能再次起动工作，从而防止了电动机在转子电路外接电阻切除情况下自行起动，产生很大的冲击电流或发生事故，这就是零位触点(1～2)的零位保护作用。

三、凸轮控制器控制的大车移行机构和副钩控制电路

凸轮控制器控制大车移行机构，其工作情况与小车工作情况基本相似，但被控制的电动机容量和电阻器的规格有所区别。此外，控制大车的一个凸轮控制器要同时控制两台电动机，因此选择比小车凸轮控制器多 5 对触点的凸轮控制器，如 KT14-60/2，以切除第二台电动机的转子电阻。

在副钩上的凸轮控制器的工作情况与小车基本相似，但在提升与下放重物时，电动机处于不同的工作状态。

在提升重物时，控制器手柄的第"1"位置为预备级，用于张紧钢丝绳，在将手柄置于"2"、"3"、"4"、"5"位置时，提升速度逐渐升高。

在下放重物时，由于负载较重，电动机工作在发电制动状态，为此操作重物下降时应将控制手柄从"0"位置迅速扳到第"5"位置，中间不允许停留。往回操作时也应该从第"5"位置快速扳到"0"位置，以免引起重物的高速下落而造成事故。

对于轻载提升，手柄第"1"位置变为预备级，第"2"、"3"、"4"、"5"位置的提升速度逐渐升高，但提升速度的大小变化不大。下降时所吊重物太轻而不足以克服摩擦转矩时，电动机工作在强力下降状态，即电磁转矩与重物重力矩方向一致帮助下降。

由以上分析可知，凸轮控制器控制电路不能获得重载或轻载时的低速下降。为了实现下降时的准确定位，采用电动操作，即将控制器手柄在下降第"1"位置时与"0"位之间来回操作，并配合电磁抱闸来实现。

在操作凸轮控制器时还应注意：当将凸轮控制手柄从左扳动，中间经过"0"位置时，应略停一下，以减小电流冲击，同时使转动机构得到较平稳的反向过程。

四、主钩升降机构的控制电路

由于拖动主钩升降机构的电动机容量较大，不适合采用转子三相电阻不对称调速，因此采用主令控制器和 PQR10A 系列控制屏组成的磁力控制器来控制主钩升降。图 9.13 为 LK1-12/90 型主令控制器与 PQR10A 系列控制屏组成的磁力控制器电气原理图。

在图 9.13 中，主令控制器 SA 有 12 对触点，"提升"与"下降"各有 6 个位置。通过主令控制器这 12 对触点的闭合与分断来控制电动机和转子电路的接触器，并通过这些接触器来控制电动机的各种工作状态，拖动主钩按不同速度提升和下降，由于主令控制器为手动操作，所以电动机工作状态的变化由操作者掌握。

在图 9.13 中，KM1、KM2 为电动机正反转接触器，KM3 为控制接触器，YB 为三相交流电磁制动器，KM4、KM5 为反接制动接触器，KM6～KM9 为起动加速接触器，用来控制电动机转子电阻的切除和串入，转子电路串有 7 段三相对称电阻，其中两段 $R1$、$R2$ 为反接制动限流电阻，$R3$～$R6$ 为启动加速电阻，转子中还有一段 $R7$ 为常串电阻，用来软化机械特性。

当合上电源开关 QS1 和 QS2，主令控制器手柄置于"0"位置时，零压继电器 KV 线圈通电自锁，为电动机起动做好准备。

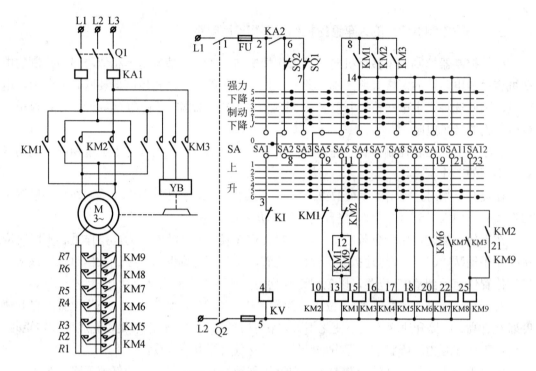

图 9.13   磁力控制器电气原理图

1. 提升重物时电路工作情况

在提升重物上，主令控制器的手柄有 6 个位置。

当主令控制器 SA 的手柄扳到提升"1"位置时，触点 SA3、SA4、SA6、SA7 闭合。SA3 闭合，将提升限位开关 SQ1 串于提升控制电路中，实现提升极限限位保护。SA4 闭合，制动接触器 KM3 通电吸合，制动电磁铁 YB 通电，松开电磁抱闸。SA6 闭合，正转接触器 KM1 通电吸合，电动机定子接通正向电源。SA7 闭合，接触器 KM4 通电吸合，切除转子电阻 R1。此时，电动机的运行如图 9.14 中的机械特性曲线 1 所示，由于这条特性曲线对应的起动转矩较小，一般吊不起重物，只作为张紧钢丝绳、消除吊钩传动系统齿轮间隙的预备级。

当主令控制器手柄控制器手柄扳到提升"2"位置时，除"1"位置已闭合的触点仍然闭合外，SA8 闭合，接触器 KM5 通电吸合，切除转子电阻 R2，转矩略增加，电动机加速，运行在图 9.14 机械特性曲线 2 上。

同样，将主令控制器手柄从提升"2"位置依次扳到"3"、"4"、"5"、"6"位置时，接触器 KM6、KM7、KM8、KM9 依次通电吸合，逐级短接转子电阻，其通电顺序由上述各接触器线圈电路中的动合触点 KM6、KM7、KM8 得以保证，相对应的机械特性曲线为图 9.14 中的 3、4、5、6。由此可知，提升时电动机均工作在电动状态，得到 5 种提升速度。

2. 下降重物时电路工作情况

在下降重物时，主令控制器的手柄也有 6 个位置。但根据重物的重量，可使电动机工作在不同的状态。若为重物下降，要求低速运行，电动机定子为正转提升方向接电，同时转子电路串接大电阻，使电动机处于倒拉反接制动状态。这一过程可用图 9.14 中的曲线 J、

1′、2′来表示，称为制动下降位置。若为空钩或轻载下降，当重力距不足以克服传动机构的摩擦力矩时，可以使电动机定子反向接电，运行在反向电动状态，使电磁矩和重力矩共同作用克服摩擦力矩，强迫下降。这一过程可用图 9.12 中的曲线 3′、4′、5′ 来表示，称为强迫下降位置。

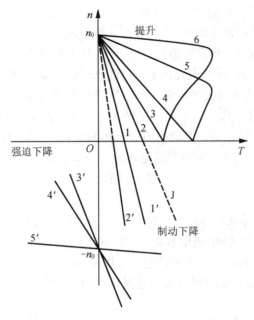

图 9.14　磁力控制器控制的主钩电动机的运行机械特性曲线

1) 制动下降

(1) 当主令控制器手柄扳向"J"位置时，触点 SA4 断开释放，YB 断电释放，电磁抱闸将主钩电动机闸住。同时触点 SA3、SA6、SA7、SA8 闭合。SA3 闭合，提升限位开关 SQ1 串接在控制电路中。SA6 闭合，正向接触器 KM1 通电吸合，电动机按正转提升相序接通电源，又由于 SA7、SA8 闭合使 KM4、KM5 通电吸合，短接转子回路中的电阻 $R1$ 和 $R2$ 由此产生一个提升方向的电磁转矩，与向下方向的重力矩相平衡，配合电磁抱闸牢牢地将吊钩及重物闸住，所以，"J"位置一般用于提升重物后，稳定地停在空中或移行；另一方面，当重载时主令控制器手柄由下降其他位置扳回"0"位置时，在通过"J"位置时既有电动机的倒拉反接制动，又有机械闸制动，在两者的作用下有效地防止溜钩，实现可靠停车。"J"位置时，转子回路所串电阻与提升"2"位置时相同，机械特性为提升曲线 2 在第Ⅳ象限的延伸，由于转速为零，故为虚线，如图 9.14 所示。

主令控制电器的手柄扳到下降"1"位置时，SA3、SA6、SA7 仍通电吸合，同时 SA4 闭合，SA4 闭合使制动接触器 KM3 通电吸合，接通制动电磁铁 YB，松开电磁抱闸，电动机可以运转。SA8 断开，反接制动接触器 KM5 断电释放，电阻 $R2$ 重新串接转子电路，此时转子电阻与提升"1"位置相同，电动机运行在提升曲线 1 第Ⅳ象限的延伸部分上，如图 9.14 中的曲线 1′ 所示。

(2) 主令控制器手柄扳到下降"2"位置时，SA3、SA4、SA6 仍闭合，而 SA7 断开，使反接制动接触器 KM4 断电释放，$R1$ 重新串接转子电路，此时转子电路的电阻全部接入，机械特性更软，如图 9.14 中的曲线 2′ 所示。

由上述分析可知，在电动机倒拉反接制动状态下，可获得两级重载下放速度。但在空钩或轻载下放时，切不可将主令控制器手柄停留在下降"1"或"2"位置，因为这时电动机生产的电磁转矩将大于负载重力矩，使电动机不处于倒拉反接下放状态而转变成电动提升状态。

2) 强迫下降

(1) 主令控制器手柄扳向下降"3"位置时，触点 SA2、SA4、SA5、SA7、SA8 闭合。SA2 闭合的同时 SA3 断开，将提升限位开关 SQ1 从电路切除，接入下降限位开关 SQ2。SA4 闭合，KM3 通电吸合，松开电磁抱闸，允许电动机转动。SA5 闭合，反接接触器 KM2 通电吸合，电动机定子接入反相序电源，产生下降反向的电磁转矩。SA7、SA8 闭合，反接接触器 KM4、KM5 通电吸合，切除电子转子电阻 R1 和 R2。此时，电动机所串转子电阻情况和提升"2"位置时相同，电动机的运行如图 9.14 中的机械特性曲线 3 所示，为反转下降电动状态。若重物较重，则下降速度将超过电动机同步转速，而进入发电制动状态，电动机的运行如图 9.14 中的机械特性曲线 3′ 的延长线所示，形成高速下降，这时应立即将手柄扳到下一位置。

(2) 主令控制器手柄扳到下降"4"位置时，在"3"位置闭合的所有触点仍闭合，另外 SA9 触点闭合，接触器 KM6 通电吸合，切除转子电阻 R3，此时电动机所串接转子电阻情况与提升"3"位置时相同。电动机的运行如图 9.14 中的机械特性曲线 4′ 所示，为反接电动状态。若重物较重时，则下降速度将超过电动机的同步转速下降，这时应立即将手柄扳到下一位置。

(3) 主令控制器手柄到下降"5"位置时，在"4"位置闭合的所有触点仍闭合，另外 SA10、SA11、SA12 触点闭合，接触器 KM7、KM8、KM9 按顺序相继通电吸合，转子电阻 R4、R5、R6 依次被切除，从而避免了过大的冲击电流，最后转子的各相电路中仅保留一段常接电阻 R7。电动机的运行如图 9.14 中的机械特性曲线 5′ 所示，为反转电动状态。若重物较重时，电动机变为再发生电制动，电动机的运行如图 9.14 中的特性曲线 5′ 的延长线所示，下降速度超过同步转速，但比在"3"、"4"位置的下降速度要小得多。

由上述分析可知：主令控制器手柄位于下降"J"位置时，为提起重物后稳定地停在空中或吊着移行，或用于重载时准确停车；下降"1"位置与"2"位置在重载时用于实现低速下降；下降"3"位与"4"位、"5"位置在轻载或空钩低速强迫下降时使用。

3. 电路的保护与联锁

(1) 在下放较重重物时，为避免高速下降而造成事故，应将主令控制器的手柄放在下降的"1"位或"2"位上。若对货物的重量估计失误，手柄扳到下降的第"5"位上，重物下降速度将超过同步转速进入再生发电制动状态。这时要取得较低的下降速度，手柄应从下降"5"位置换到下降"2"、"1"位置。在手柄换位过程中必须经过下降"4"、"3"位置，由以上分析可知，对应下降"4"、"3"位置的下降速度比"5"位置还要快得多。为了避免经过"4"、"3"位置时造成更危险的超高速，线路中采用了接触器 KM9 的动合触点(24～25)，接触器 KM2 是断电的，此电路不起作用，从而不会影响提升时的调速。

(2) 保证在接制动电阻串接的条件下才进入制动下降的联锁。主令控制器的手柄由下降"3"位置转到下降"2"位置时，触点 SA5 断开，SA6 闭合，反向接触器 KM2 断电释放，正向接触器 KM1 通电吸合，电动机处于反接制动状态。为防止制动过程中产生过大的冲击电流，在 KM2 断电后应使 KM9 立即断电释放，电动机转子电路串入全部电阻后，KM1 再通电吸合。因此，一方面在主令电器触点闭合顺序上保证了 SA8 断开后 SA6 才闭合；另一方面还设计了 KM2 动合触点(11～12)和 KM9(12～13)与 KM1(9～10)构成联锁环节。这就保证了只有在 KM9 断电释放后，KM1 才能接通并自锁工作。此环节还可以防止因 KM9 主触点熔焊，转子在只剩下常串电阻 R7 时电动机正向直接起动的事故发生。

(3) 当主令控制器的手柄在下降"2"位置与"3"位置之间转换，控制正向接触器 KM1 与 KM2 进行换接时，由于二者之间采用了电气和机械联锁，必然存在一瞬间有一个已经释放而另一个尚未吸合的现象，电路中触点 KM1、KM2 均断开，此时容易造成 KM3 断电，造成电动机在高速下进行机械制动，引起不允许的强烈振动。为此引入 KM3 自锁触点与 KM1、KM2 并联，以确保在 KM1 与 KM2 换接瞬间 KM3 始终通电。

(4) 加速接触器 KM6～KM8 的动合触点串接到下一级加速接触器 KM7～KM9 电路中，实现短接转子电阻的顺序联锁作用。

(5) 该线路的零位保护是通过电压继电器 KV 与主令电气 SA 实现的；该电路的过电流保护是通过电流继电器 KIS 实现的；重物提升、下降的限位保护是通过限位开关 SQ1、SQ2 实现的。

五、起重机的保护

为了保证安全可靠地工作，起重机的电气控制一般都具有下列保护与联锁：电动机过载保护，短路保护，欠压保护，控制器的零位联锁，终端保护，舱盖、端梁、栏杆门安全开关等保护。

1. 交流起重机保护箱

采用凸轮机构控制器、主令控制的交流桥式起重机，广泛使用保护箱来实现过载、短路、失压零位联锁、终端、舱盖、栏杆门安全等保护。该保护箱是为凸轮控制器操作的控制系统进行保护而设置的。保护箱由刀开关、接触器、过电流继电器、熔断器等组成。起重机上使用的标准保护箱为 XQB1 型。

1) XQB1 型保护箱的控制电路

在图 9.15 中，HL 为电源信号灯，指示电源通断。QS1 为紧急事故开关，在出现紧急情况时用于切断电源。SQ6～SQ8 为舱口门、横梁门开关，任何一个门打开时起重机都不能工作。KI0～KI4 为过电流继电器的触点，实现过载和短路保护。SA1、SA2、SA3 分别为大车、小车、副钩凸轮控制器零位闭合触点，每个凸轮控制器采用了 3 个零位闭合触点，只在零位闭合的触点与按钮 SB 串联；用于自锁回路的两个触点，其中一个为零位和正向位置均闭合，另一个为零位和反向位置均闭合，它们和对应方向的限位开关串联后并联在一起，实现零位保护和自锁功能。SQ1、SQ2 为大车移行机构的行程限位开关，装在桥架上，挡铁装在轨道的两端；SQ3、SQ4 为小车移行行程开关，装在桥架上小车轨道的两端，挡铁装在小车上；SQ5 为副钩提升限位开关。这些行程开关实现各自的终端保护作用。KM 为线路接触器，KM 的闭合控制着主钩、副钩、大车、小车的供电。

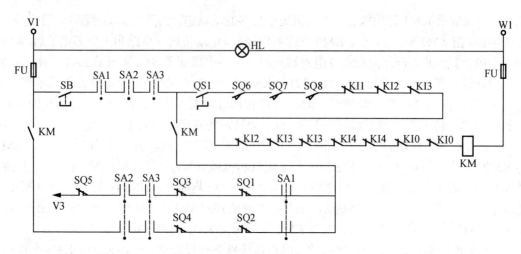

图 9.15　XQB1 型保护箱的控制电路

当 3 个凸轮控制器都在零位，舱口门、横梁门均关上，SQ6～SQ8 均闭合时，紧急开关 QS1 闭合，无过电流，KI0、KI1～KI4 均闭合时按下起动按钮，线路接触器 KM 通电吸合且自锁，其主触点接通主电路，给主、副钩及大车、小车供电。

当起重机工作时，线路接触器 KM 的自锁回路中，并联的两条支路只有一条是通的，例如小车向前时，凸轮控制器 SA2 与 SQ4 串联的触点断开，向后限位开关 SQ4 不起作用；而 SA2 与 SQ3 串联的触点仍是闭合的，向前限位开关 SQ3 起限位作用等。

当线路接触器 KM 断电切断总电源时，整机停止工作。若要重新工作，必须将全部凸轮控制器手柄置于零位，电源才能接通。

2) XQB1 型保护箱照明及信号电路

图 9.16 为 XQB1 型保护箱照明及信号电路图。

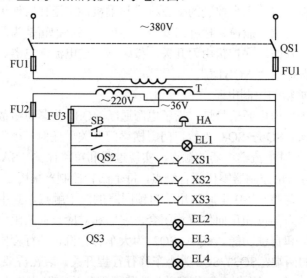

图 9.16　XQB1 型保护箱照明与信号电路

在图 9.16 中，QS1 为操纵室照明开关，QS3 为大车向下照明开关，QS2 为操纵室照明灯 EL1 开关，SB 为音响设备 HA 的按钮。EL2、EL3、EL4 为大车向下照明灯，XS1、XS2、

XS3 为手提检修灯、电风扇插座。除大车向下照明电压为 220V 外，其余均由安全电压 36V 供电。

2. 制动器与制动电磁铁

桥式起重机是一种间歇工作的设备，经常处在起动和制动状态。另外，为了提高生产效率，缩短非生产的停车时间，以及准确停车和保证安全，常采用电磁抱闸。电磁抱闸由制动器和制动电磁铁组成，它既是工作装置又是安全装置，是桥式起重机的重要部件之一。平时制动器抱紧制动轮，当起重机工作电动机通电时才松开，因此在任何时候停电都会使制动器闸瓦抱紧制动轮，实现机械制动。

制动器是保证起重机安全、正常工作的重要部件，在桥式起重机上常用块式制动器，它是一种简单、可靠的制动器。块式制动器又可分为短行程、长行程和液压推杆块式制动器。

1) 短行程块式制动器

图 9.17 为短行程块式制动器结构简图。当起重机某一机构工作时，与该机构拖动电动机绕组并联的电磁铁线圈同时通电，静铁心产生吸力，吸引动铁心，于是推动顶杆 2，使左右两个制动臂在副弹簧 6 作用下向外侧运动，松开制动轮。与此同时，主弹簧 4 伸张，带动制动臂向里侧运动，抱紧制动轮。

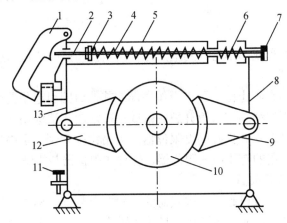

图 9.17　短行程块式制动器

1—电磁铁；2—顶杆；3—锁紧螺母；4—主弹簧；5—框形拉板；6—副弹簧；7—调整螺母；
8—右制动臂；9—右制动瓦块；10—制动轮；11—调整螺钉；12—左制动瓦块；13—左制动臂

短行程块式制动器的优点是：松闸、上闸动作迅速；结构简单、自重轻、外形尺寸小；松闸器的行程小；制动快，制动臂之间是铰链联结，所以瓦块与制动轮的接触较好，磨损均匀。缺点是：合闸时由于动作迅速有冲击，所以声响较大；由于电磁铁尺寸的限制，制动力矩较小，一般应用在制动力矩较小及制动轮直径在 100~300mm 范围的机构中。

2) 长行程块式制动器

短行程块式制动器的制动力矩较小，如要求制动力矩大的机构，只有通过杠杆系统将松闸器产生的松闸力放大，这类制动器称为长行程块式制动器。长行程块由于杠杆具有较大的力臂，宜用于需要较大制动转矩的场合，但力矩过大，会使杠杆铰链接处磨损，机构变形，降低了可靠性。同时，制动器尺寸比较大，松闸与放闸缓慢，工作准确性较差，适用于要求较大制动力矩的提升机构。

3）液压推杆式制动器

为了克服电磁块式制动器冲击大的缺点，可采用液压推杆式制动器。它们的区别在于它的松闸动力依靠液压推动器中推杆的上下运动，再通过三角形杠杆牵动斜拉杆完成制动，是一种新型的长行程块式制动器。

液压推杆式制动器由驱动电动机和离心泵组成。通电时，电动机带动叶轮旋转，在活塞内产生压力，迫使活塞迅速上升，固定在活塞上的垂直推杆及三角形杠杆同时上升，克服主弹簧作用力，并经杠杆作用将制动瓦松开。当断电时，叶轮减速并停止，活塞在主弹簧实现制动。

液压推杆式制动器的优点是：工作平稳，无噪声；允许每小时通电次数可达 720 次，使用寿命长。缺点是：合闸较慢，容易发生漏油，适用于运行机构使用。

操作制动器的控制电器为交流电磁铁与液压推杆。其中短行程块式制动器配用 MZD1型交流电磁铁，长行程块式制动器配用 MZS1 型交流电磁铁。一般对于交流传动系统的运行机构，在负荷持续率不大于 25% 时，每小时通电次数不大于 300 次。在制动力矩小时，可采用单相短行程电磁铁，但对于提升机构则采用三相长行程电磁铁。

3. 其他安全装置

1）缓冲器

缓冲器用来吸引大车或小车运行到重点与轨端挡板相撞的能量，达到缓减冲击的目的。

2）提升高度限位器

提升高度限位器用来防止由于司机操作失误或其他原因引起吊钩超过卷扬，从而可能造成拉断提升钢绳、钢丝绳固定短板开裂脱落或挤碎滑轮等造成吊钩与重物一起下落的重大事故。为此起重机必须安装提升高度限位器，当吊钩提升到一定高度时能自动切断电动机电源而停止提升。常用的有压绳式限位器、螺杆式限位器与重锤式限位器。

3）载荷限制器及称量装置

载荷限制器是控制起重机起吊极限载荷的一种安全装置。称量装置是用来显示起重机起吊物品重量数字的装置，简称电子秤，目前在桥式起重机中应用越来越广泛。

六、起重机的供电

桥式起重机的大车与厂房之间、小车与大车之间都存在着相对运动，因此其电源不能像一般固定的电气设备那样采用固定连接，而必须适应其工作经常移动的特点。对于小型起重机供电方式采用软电缆供电，供电电缆随着大车和小车的移动而伸长和叠卷；对于大中型起重机常用滑线和电刷供电。三相交流电源接到沿车间长度架设的 3 根主滑线上，再通过大车上的电刷引入到操纵室中保护箱的总电源刀开关 QS 上，由保护箱再经穿管导线送至大车电动机、大车电磁抱闸及交流控站，送至大车一侧的辅助滑线。主钩、副钩、小车上的电动机、电磁抱闸、提升限位器的供电和转子电阻的连接则是由架设在大车侧的辅助滑线与电刷来实现的。

七、总体控制电路

图 9.18 所示为 15/3t 桥式起重机的总体控制电路图。它有两个吊钩，主钩为 15t、副钩为 3t。

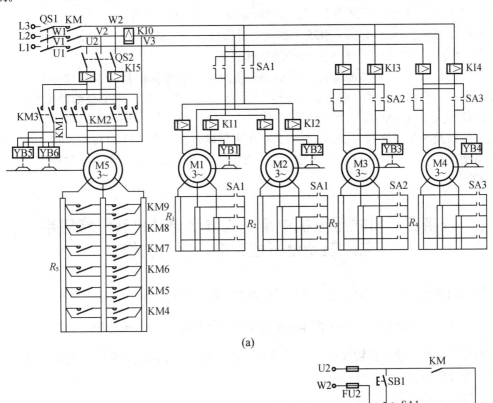

(a)

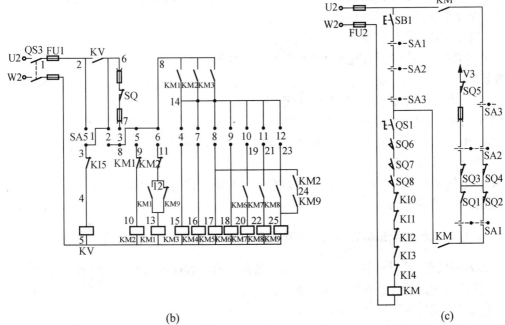

(b)

(c)

图 9.18　15/3t 桥式起重机的总体控制电路图

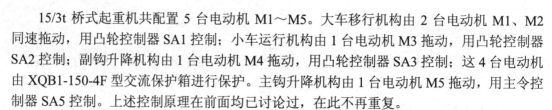
15/3t 桥式起重机共配置 5 台电动机 M1～M5。大车移行机构由 2 台电动机 M1、M2 同速拖动，用凸轮控制器 SA1 控制；小车运行机构由 1 台电动机 M3 拖动，用凸轮控制器 SA2 控制；副钩升降机构由 1 台电动机 M4 拖动，用凸轮控制器 SA3 控制；这 4 台电动机 由 XQB1-150-4F 型交流保护箱进行保护。主钩升降机构由 1 台电动机 M5 拖动，用主令控制器 SA5 控制。上述控制原理在前面均已讨论过，在此不再重复。

SQ 为主钩提升限位开关，SQ5 为副钩提升限位开关，SQ3、SQ4 为小车两个方向的限位开关，SQ1、SQ2 为大车两个方向的限位开关。

将凸轮控制器 SA1、SA2、SA3 和主令控制器 S5，交流保护箱 XQB，紧急开关等安装在操纵室中。电动机各转子电阻 $R1$～$R5$，大车电动机 M1、M2，大车制动器 YB1、BY2，大车限位开关 SQ1、SQ2，交流控制屏安放在大车的一侧。在大车的另一侧，装设了 21 根辅助滑线以及小车限位开关 SQ3、SQ4。小车上装设有小车电动机 M3、主钩电动机 M5、副钩电动机 M4 以及其各自的制动器 YB3～YB6、主钩提升限位开关 SQ 与副钩提升限位开关 SQ5。

任务三　桥式起重机中绕线式异步电动机转子绕组串电阻起动电气控制电路板的制作

桥式起重机中绕线式异步电动机转子绕组串电阻起动电气控制电路板的制作过程如下。

一、绕线式异步电动机转子绕组串电阻起动电气控制元器件布置图的绘制

电气元器件布置图用来表明电气原理图中各元器件的实际安装位置，可视电气控制系统复杂程度采取集中绘制或单独绘制。

电气元器件的布置应注意以下几方面。

(1) 体积大和较重的电气元器件应安装在控制板的下方，而发热元器件应安装在控制板的上面。

(2) 强电、弱电应分开，弱电应屏蔽，防止外界干扰。

(3) 需要经常维护、检修、调整的电气元器件安装位置不宜过高或过低。

(4) 电气元器件的布置应考虑整齐、美观、对称。外形尺寸与结构类似的电器安装在一起，以利于安装和配线。

(5) 电气元器件布置不宜过密，应留有一定间距。如用走线槽，应加大各排元器件间距，以利于布线和维修。

二、绕线式异步电动机转子绕组串电阻起动电气控制元器件接线图的绘制

安装接线图主要用于电器的安装接线、线路检查、线路维修和故障处理，通常接线图与电气原理图和元器件布置图一起使用。

电气接线图的绘制原则如下。

(1) 各电气元器件均按实际安装位置绘出，元器件所占图面按实际尺寸以统一比例绘制。

(2) 一个元器件中所有的带电部件均画在一起，并用点划线框起来，即采用集中表示法。

(3) 各电气元器件的图形符号和文字符号必须与电气原理图一致，并符合国家标准。

(4) 各电气元器件上凡是需接线的部件端子都应绘出，并予以编号，各接线端子的编号必须与电气原理图上的导线编号相一致。

(5) 绘制安装接线图时，走向相同的相邻导线可以绘成一股线。

三、完成实际安装、接线、调试运行

1. 训练工具、仪表及器材

1) 工具

测试笔、螺钉旋具、斜口钳、尖嘴钳、剥线钳、电工刀等。

2) 仪表

兆欧表、万用表、钳形电流表。

3) 器材

(1) 控制板一块(包括所用的低压电气元器件)。

(2) 导线及规格：主电路导线由电动机容量确定；控制电路一般采用截面为 $1mm^2$ 的铜芯导线(BV)；按钮线一般采用 $0.75mm^2$ 的铜芯线(RV)；导线的颜色要求主电路与控制电路必须有明显的区别。

(3) 备好编码套管。

20/5t 桥式起重机电路板所需元器件见表 9-2。

表 9-2　桥式起重机电气控制电路元器件明细表

代号	名称	型号及规格	数量	用途	备注
M1	副钩电动机	YZR-200L-8　15kW，220V/380V，1410r/min	1	拖动副钩	
M2	小车电动机	YZR-132MB-6 3.7kW，220V/380V，1410r/min	1	拖动小车	
M3、M4	大车电动机	YZR-160MB-6 7.5kW，220V/380V，1440r/min	1	拖动大车	
M5	主钩电动机	YZR-315MB-10 75kW，220V/380V，1440r/min	1	拖动主钩	
AC1	副钩凸轮控制器	KTJ1-50/1	1	副钩正反转控制	
AC2	小车凸轮控制器	KTJ1-50/1	1	小车正反转控制	
AC3	大车凸轮控制器	KTJ1-50/5	1	大车正反转控制	
AC4	主钩凸轮控制器	LK1-12/90	1	主钩正反转控制	
YB1	副钩电磁抱闸制动器	MZD1-300	1	副钩制动	
YB2	小车电磁抱闸制动器	MZD1-100	1	小车制动	
YB3、YB4	大车电磁抱闸制动器	MZD1-200	1	大车制动	
YB5、YB6	主钩电磁抱闸制动器	MZS1-45H	1	主钩制动	

续表

代号	名称	型号及规格	数量	用途	备注
R1	副钩电阻器	2K1-41-8/2	1	副钩起动	
R2	小车电阻器	2K1-12-6/1	1	小车起动	
R3、R4	大车电阻器	4K1-22-6/1	1	大车起动	
R5	主钩电阻器	4P5-63-10/9	1	主钩起动	
QS1	电源总开关	HD-9-400/3	1		
QS2	主钩电源开关	HD11-200/2	1		
QS3	主钩控制电源开关	DZ5-50	1		
QS4	紧急开关	A-3161	1		
SB	起动按钮	LA1911-11	1	起动	
KM	主交流接触器	CJ10-300/3 线圈电压 380V 300A	1		
KA0	总过电流继电器	JL4-150/1	1		
KA1	副钩过电流继电器	JL4-40	1		
KA2～KA4	大车、小车过电流继电器	JL4-15	1		
KA5	主钩过电流继电器	JL4-150	1		
KM1～KM2	主钩正反转交流接触器	CJ20-250/3 250A 线圈电压 380V	2	控制主钩电机	
KM3	主钩抱闸接触器	CJ20-75/2 45A 线圈电压 380V	1	控制主钩抱闸电机	
KM4、KM5	反接电阻切除接触器	CJ20-75/3 750A 线圈电压 380V	2	控制反接电阻切除电机	
KM6～KM9	调速电阻切除交流接触器	CJ20-75/3 75A 线圈电压 380V	4	控制调速电阻切除电机	
KV	零压继电器	JT4-10P	1		
FU1	熔断器	RL1-15/5 15A，熔体 5A	3	电源控制电路短路保护	
FU2	熔断器	RL1-15/10 15A，熔体 5A	3	主钩控制电路短路保护	
SQ1～SQ4	大、小车限位开关	LK4-11	4	大、小车限位控制	
SQ5	主钩上升限位开关	LK4-31	1	主钩上升限位控制	
SQ6	副钩上升限位开关	LK4-31	1	副钩上升限位控制	
SQ7	限位开关	LX2-11H	1	舱门安全开关	
SQ8、SQ9	限位开关	LX2-111	2	横梁栏杆门安全开关	

2. 安装步骤及工艺要求

(1) 根据原理图绘出电动机正反转控制电路的元器件位置图和电气接线图。

(2) 按原理图所示配齐所有电气元器件，并进行检验。

① 电气元器件的技术数据(如型号、规格、额定电压、额定电流)应完整并符合要求，外观无损伤。

② 电气元器件的电磁机构动作是否灵活，有无衔铁卡阻等不正常现象，用万用表检测电磁线圈的通断情况以及各触头的分合情况。

③ 接触器的线圈电压和电源电压是否一致。

④ 对电动机的质量进行常规检查(每相绕组的通断，相间绝缘，相对地绝缘)。

3. 在控制板上按电器位置图安装电气元器件

工艺要求如下。

(1) 组合开关、熔断器的受电端子应安装在控制板的外侧。

(2) 各个元器件的安装位置应整齐、匀称、间距合理，便于布线及元器件的更换。

(3) 紧固各元器件时要用力均匀，紧固程度要适当。

4. 按接线图的走线方法进行板前明线布线和套编码套管

板前明线布线的工艺要求如下。

(1) 布线通道尽可能地少，同路并行导线按主、控制电路分类集中，单层密排，紧贴安装面布线。

(2) 同一平面的导线应高低一致或前后一致，不能交叉。非交叉不可时，应水平架空跨越，但必须走线合理。

(3) 布线应横平竖直，分布均匀。变换走向时应垂直。

(4) 布线时严禁损伤线芯和导线绝缘。

(5) 在每根剥去绝缘层导线的两端套上编码套管。所有从一个接线端子(或接线桩)到另一个接线端子(或接线桩)的导线必须连接，中间无接头。

(6) 导线与接线端子或接线桩连接时，不得压绝缘层、不反圈及不露铜过长。

(7) 一个电气元器件接线端子上的连接导线不得多于两根。

5. 其他步骤

(1) 根据电气接线图检查控制板布线是否正确。

(2) 安装电动机。

(3) 连接电动机和按钮金属外壳的保护接地线(若按钮为塑料外壳，则按钮外壳不需接地线)。

(4) 连接电源、电动机等控制板外部的导线。

6. 自检

(1) 按电路原理图或电气接线图从电源端开始，逐段核对接线及接线端子处是否正确，有无漏接、错接之处。检查导线接点是否符合要求，压接是否牢固。接触应良好，以免带负载运行时产生闪弧现象。

(2) 用万用表检查线路的通断情况。检查时，应选用倍率适当的电阻挡，并进行校零，以防短路故障发生。对控制电路的检查(可断开主电路)，可将表笔分别搭在 U11、V11 线端上，读数应为"∞"。按下 SB 时，读数应为接触器线圈的电阻值，然后断开控制电路再检查主电路有无开路或短路现象，此时可用手动来代替接触器通电进行检查。

(3) 用兆欧表检查线路的绝缘电阻应不得小于 0.5MΩ。

7. 通电试车

经指导教师检查无误后通电试车。试车时先空载试车，观察各元器件的动作是否正确，无误后再接上电动机带负载调试。通电试车完毕先拆除电源线，后拆除负载线。清理工作现场，填写好各种记录。

四、桥式起重机转子绕组串电阻起动电气控制电路板制作考核要求及评分标准

评分标准见表 9-3。

表 9-3　桥式起重机转子绕组串电阻起动电气控制电路板制作考核要求及评分标准

测评内容	配分	评分标准		操作时间	扣分	得分
绘制电气元器件	10	绘制不正确	每处扣 2 分	20min		
安装元器件	20	1. 不按图安装 2. 元器件安装不牢固 3. 元器件安装不整齐、不合理 4. 损坏元器件	扣 5 分 每处扣 2 分 每处扣 2 分 扣 10 分	20min		
布线	50	1. 导线截面选择不正确 2. 不按图接线 3. 布线不合要求 4. 接点松动，露铜过长，螺钉压绝缘层等 5. 损坏导线绝缘或线芯 6. 漏接接地线	扣 5 分 扣 10 分 每处扣 2 分 每处扣 1 分 每处扣 2 分 扣 5 分	60min		
通电试车	20	1. 第一次试车不成功 2. 第二次试车不成功 3. 第三次试车不成功	扣 5 分 扣 5 分 扣 5 分	20min		
安全文明操作		违反安全生产规程	扣 5～20 分			
定额时间 (3h)	开始时间 (　　)	每超时 2min 扣 5 分				
	结束时间 (　　)					
合计总分						

任务四　20/5t 桥式起重机中绕线式异步电动机的 电气控制电路板的调试与故障诊断

一、故障检修所需工具和设备

1. 工具

试电笔、电工刀、尖嘴钳、斜口钳、剥线钳、螺钉旋具、活扳手等。

2. 仪表

万用表、兆欧表、钳形电流表。

3. 设备

20/5t 型桥式起重机或桥式起重机实训考核装置。

生产机床和机械设备在运行中难免发生各种大小故障，严重的还会引起事故。正确分析和妥善处理机床设备电气控制电路中出现的故障，首先要检查出产生故障的部位和原因。下面将介绍观察法、通电检查法、断电检查法等基本的故障检查方法。

二、故障检修常用方法

1. 观察法

生产机床和机械设备的故障主要可分为两大类：一类故障是有明显的外部特征，例如电动机、变压器、电磁铁线圈过热冒烟。在排除这类故障时，除了更换损坏了的电动机与电器之外，还必须找出和排除造成上述故障的原因。另一类故障是没有外部特征的，例如在控制电路中是由于电气元器件调整不当、动作不灵、导线断裂、开关击穿等原因引起的。这类故障在机床电路中经常碰到，由于没有外部特征，通常需要用较多的时间去寻找故障的部位，有时还需要运用各类测量仪表找到故障点，方能进行调整和修复，使电气设备恢复正常运行。

检修前要进行故障观察与调查。当机床或机械设备发生电气故障后，切忌再通电试车和盲目动手检修。在检修前，通过观察法来了解故障前后的操作情况和故障发生后出现的异常现象，以便根据故障现象判断故障发生的部位，进而准确地排除故障。

2. 通电检查法

通电检查法指机床和机械设备发生电气故障后，根据故障的性质，在条件允许的情况下，通电检查故障发生的部位和原因。

1) 通电检查要求

在通电检查时，必须注意人身和设备的安全。要遵守安全操作规程，不得随意触动带电部分，要尽可能切断电源，只在控制电路带电的情况下进行检查。如果需要电动机运转，则应使电动机与机械传动部分脱开，使电动机在空载下运行，这样既可减小实验电流，也可避免机械设备的运动部分发生误动作和碰撞，以免故障扩大。在检修时应预先充分估计到局部线路动作后可能发生的不良后果。

2) 测量方法及注意事项

在检修设备时，用通电检查法确定故障是确定故障点的一种行之有效的检查方法。常用的检测工具和仪表有验电笔、校验灯、万用表、钳形电流表等，主要通过对电路带电或断电时的有关参数(如电压、电阻、电流等)进行测量，来判断电气元器件的好坏、设备的绝缘情况以及线路的通断情况。随着科学技术的发展，测量手段也在不断更新。

在用通电检查法检查故障点时，一定要保证各种测量工具和仪表完好，使用方法正确，尤其要注意防止感应电、回路电及其并联电路的影响，以免产生误判断。

3) 通电方法

在检查故障时，经外观检查未发现故障点，可根据故障现象，结合电路图分析可能出现的故障部位，在不扩大故障范围、不损伤电器和机床设备的前提下，进行直接通电试验，以分清故障可能是在电气部分还是在机械其他等部分，是在电动机上还是在控制设备上，是在主电路上还是在控制电路上。

一般先检查控制电路，具体做法是：操作某一只按钮或控制开关时，发现动作不正确，即说明该电气元器件或相关电路有问题。再在此电路中进行逐项分析和检查，一般便可发现故障点。待控制电路的故障排除恢复正常后，再接通主电路，检查控制电路对主电路的控制效果，观察主电路的工作情况是否正常等。

4) 故障判别方法

(1) 校验灯法。校验灯检验的方法有两种，一种是 380V 的控制电路，另一种是经过变压器降压的控制电路。对于不同的控制电路所使用的校验灯应有所区别，具体判别方法如图 9.19 所示。首先将校验灯的一端接在低电位处，再用另外一端分别触碰需要判断的各点。如果灯亮，则说明电路正常，如果灯不亮，则说明电路有故障。

经过降压后的校验灯法如图 9.20 所示。对于降压后的控制电路应选用高于电路电压的灯泡，校验灯一端应接在被测点的对应电源端，再用另外一端分别碰触需要判断的各点。

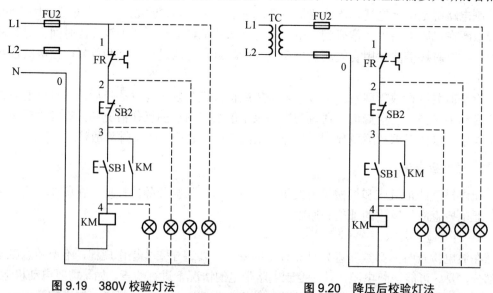

图 9.19　380V 校验灯法　　　　　　图 9.20　降压后校验灯法

(2) 验电笔法。用验电笔检查电路故障的优点是安全、灵活、方便，缺点是受电电压限制，并且与具体电路的结构有关。因此，此时结果不是很准确。另外，有时电气元器件触头烧断，但是因有爬弧，用验电笔测试，仍然发光，而且亮度还很强，这样也会造成判断错误。用验电笔检查电路故障的方法分别如图 9.21 和图 9.22 所示。

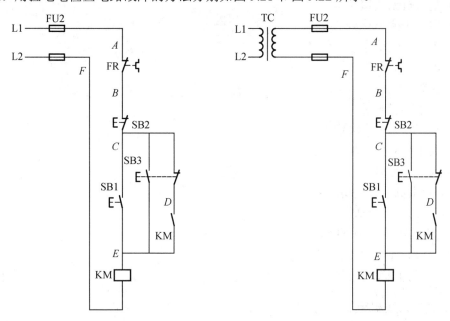

图 9.21　380 V 电路验电笔判断法　　　图 9.22　降压后验电笔判断法

在图 9.21 中，如果按下 SB1 或 SB3 后，接触器 KM 不吸合，可以用验电笔从 A 点开始依次检测 B、C、D、E 和 F 点，观察验电笔是否发光，且亮度是否相同。如果在检查过程中发现某点发光变暗，则说明被测点以前的元器件或导线有问题。停电后仔细检查，直到检查出问题并消除故障为止。但是，在检查过程中有时还会发现各点都亮，而且亮度都一样，接触器也没问题，就是不吸合，原因可能是起动按钮 SB1 本身触头有问题不能导通，也有可能是 SB2 或 FR 动断触点断路，电弧将两个静触点导通或因绝缘部分被击穿使两触点导通，遇到这类情况就必须用电压表进行检查。

图 9.22 是经变压器供给控制电路电源的。由于变压器二次侧不接地，用验电笔就不能进行有效的故障点检测，所以用验电笔检查这种供电线路故障是有局限性的。

3. 断电检查法

断电检查法是将被检修的电气设备完全与外部电源切断后进行检修的方法。采取断电检查法检修设备是一种比较安全的常用检修方法。

要使用好这种检修方法除了需要了解机床的用途和工艺要求、加工范围和操作程序、电气线路的工作原理外，还要进行敏锐的观察、准确的分析、精准的测量、正确的判断和熟练的操作。

三、故障设置

1. 设置说明

学生可以通过实验操作，对桥式起重机的工作原理进行认识，根据现象，使用万用表检测来排除故障。在设备面板上专门设计了定时器、计数器。定时器用于学生排除故障时，老师设定时间。计数器用于统计学生排除元器件故障的次数，每开关一次计数一次。

2. 故障现象

(1) 起重机无法起动。

(2) 副钩不能起动。

(3) 小车不能动作。

(4) 大车不能动作。

(5) 副钩不能提升。

(6) 小车不能向后。

(7) 小车运动失去限位保护。

(8) 大车运动失去限位保护。

(9) 大车不能向左。

(10) 起重机无法起动。

(11) 主钩不能起动。

(12) 主钩不能制动下降。

(13) 主钩不能提升。

(14) 主钩不能动作。

四、桥式起重机电气控制电路故障检修考核要求及评分标准

评分标准见表 9-4。

表 9-4 桥式起重机的电气控制电路故障检修考核要求及评分标准

序号	考核内容	考核要求	评分标准	配分	扣分	得分
1	按下起动按钮 SB2，M1 起动运转；松开 SB2，M1 随之停止不能起动	分析故障范围，确定故障点并排除故障	(1) 不能确定故障范围，扣 10 分 (2) 不能找出原因，扣 5 分 (3) 不能排除故障，扣 10 分	25 分		
2	主轴电动机运行中停车	分析故障范围，确定故障点并排除故障	(1) 不能确定故障范围，扣 10 分 (2) 不能找出原因，扣 5 分 (3) 不能排除故障，扣 10 分	25 分		
3	按下 SB3，刀架快速移动电动机不能起动	分析故障范围，确定故障点并排除故障	(1) 不能确定故障范围，扣 10 分 (2) 不能找出原因，扣 5 分 (3) 不能排除故障，扣 10 分	25 分		
4	机床照明灯不亮	分析故障范围，确定故障点并排除故障	(1) 不能确定故障范围，扣 10 分 (2) 不能找出原因，扣 5 分 (3) 不能排除故障，扣 10 分	25 分		
5	安全文明生产	按生产规程操作	违反安全文明生产规程，扣 10～30 分			
6	定额工时	4h	每超 5 分钟(不足 5 分钟以 5 分钟计)扣 5 分			
	起始时间		合计		100 分	
	结束时间		教师签字	年	月	日

知识拓展

一、绕线转子异步电动机

绕线转子异步电动机转子绕组是在绕线转子铁心的槽内嵌有绝缘导线组成的三相绕组，一般进行星形联结，3 个出线端分别接在与转轴绝缘的 3 个滑环上，再通过电刷与外电路相连，如图 9.23 所示。

图 9.23　绕线转子异步电动机外形

绕线转子电动机分为定子和转子两大部分，其中定子结构和鼠笼转子电动机相同，转子由转轴、三相转子绕组、转子铁心、滑环、转子绕组出线头、电刷、刷架、电刷外接线和镀锌钢丝箍等组成，绕线转子电动机组成如图 9.24 和图 9.25 所示。

图 9.24　绕线转子异步电动机结构

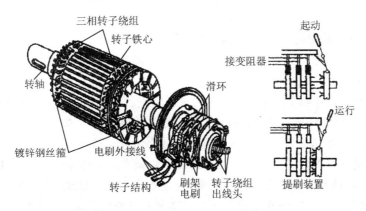

图 9.25　绕线转子异步电动机转子结构

绕线转子外形及转子回路接线示意图如图 9.26 所示。

(a) 绕线转子外形

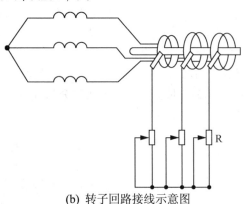

(b) 转子回路接线示意图

图 9.26　绕线转子外形及转子回路接线示意图

二、三相绕线式异步电动机转子绕组串电阻降压起动控制电路控制原理

在实际生产中要求起动转矩较大且平滑调速的场合，常常采用绕线转子异步电动机。由电动机原理可知，三相绕线式异步电动机的转子回路可以通过滑环外接电阻，转子回路外接一定的电阻既可以减小起动电流，又可以提高转子回路的功率因素和起动转矩。在要求起动转矩较高的场合(例如起重设备)，绕线式异步电动机得到了广泛的应用。

按照绕线式异步电动机起动过程中转子绕组串接装置的不同，有串接电阻起动和串频敏变阻器起动。起动时在转子回路串入作 Y 形连接的三相起动电阻，并将其放到最大位置，减小起动电流，以获得较大的起动转矩，随后逐段切除起动电阻，起动结束后，电动机在额定状态下运行。

1. 转子绕组串电阻起动控制电路

在起动前，起动电阻全部串入电路中。在起动过程中，起动电阻被逐级地短接切除，正常运行时所有外接电阻全部切除。在起动过程中电阻被短接切除的方式有两种：三相电阻平衡切除法和三相电阻不平衡切除法。不平衡切除法是转子每相的起动电阻按先后顺序被短接切除，而平衡切除法转子每相的起动电阻同时被短接切除。一般不平衡切除法采用凸轮控制器来短接电阻，这样控制电路简单，操作方便，如利用凸轮控制器控制起重机主钩电动机。若起动采用接触器控制，则采用平衡切除法。下面介绍采用接触器控制的平衡短接切除法控制电路。

1) 采用接触器控制的平衡短接切除法起动控制电路

根据绕线式异步电动机起动过程中转子电流变化及所需起动时间的特点，控制电路有时间原则控制电路和电流原则控制电路。

(1) 时间原则控制电路。图 9.27 所示为时间原则控制电路，KM1～KM3 为短接转子电阻接触器，KM4 为电源接触器，KT1、KT2、KT3 为时间继电器。起动完毕正常运行时，线路仅 KM3、KM4 通电工作，其他电器全部停止工作，这样既节省了电能，又延长电器使用寿命，提高电路工作的可靠性。为防止由于机械卡阻等原因使接触器 KM1、KM3 不能正常工作，使起动时带部分电阻或不带电阻，造成冲击电流过大，损坏电动机，采用 KM1、KM2、KM3 三个辅助动断触点串接于起动回路中来消除这种故障的影响。

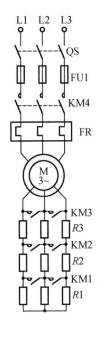

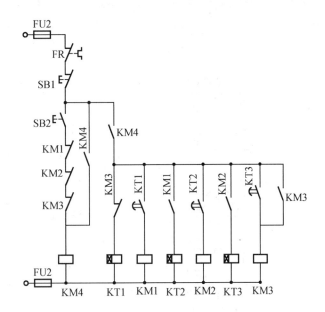

图 9.27　时间原则控制电路

控制电路存在两个问题，一方面一旦时间继电器损坏，线路将无法实现电动机正常起动和运行。另一方面，在电阻的分级切除过程中，电流及转矩突然增大，产生不必要的机械冲击。

(2) 电流原则控制电路。图 9.28 所示为电流原则控制电路。它是按照电动机在起动过程中转子电流变化来控制电动机起动电阻的切除。KI1、KI2、KI3 为欠电流继电器，其线圈串于转子回路中，调节使它们的吸合电流相同，释放电流不同，KI1 释放电流最大，KI2 次之，KI3 释放电流最小。KA4 为中间继电器，KM1～KM3 为短接电阻接触器，KM4 为线路接触器。

线路工作原理：合上电源开关 QS，按下起动按钮 SB2，KM4 通电并自锁，电动机定子接通三相交流电源，转子串入全部电阻并连接成星形起动。同时 KA4 通电，为 KM1～KM3 通电做准备。由于起动电流大，KI1、KI2、KI3 的吸合电流相同，故欠流继电器同时吸合，其动断触点都断开，使 KM1～KM3 处于断开状态，转子电阻全部串入，达到限流和提高起动转矩的目的。随着电动机转速的升高，起动电流逐渐减小。当起动电流减小到 KI1 释放电流时，KI1 首先释放，其动断触点闭合，使 KM1 通电，KM1 主触点短接一段转子电阻 $R1$，由于转子电阻减小，转子电流上升，起动转矩加大，电动机转速加快上升，这又使转子电流下降；当降至 KI2 释放电流时，KI2 释放，其动断触点闭合，使 KM2 通电，其主触点短接第二段转子电子 $R2$，于是转子电流上升，起动转矩加大，电动机转速升高，如此继续，直至转子电阻全部切除，电动机起动过程才结束。

中间继电器 KA4 是为保证起动时转子电阻全部接入而设置的。若无 KA4，则当电动机起动电流由零增大且在尚未达到电流继电器吸合电流时，电流继电器 KI1 未吸合，将使 KM1～KM3 同时通电吸合，将转子电阻全部短接，电动机便进行直接起动。而设置 KA4 后，当按下起动按钮 SB2，KM4 先通电吸合，然后才使 KA4 通电吸合，再使 KA4 动合触点闭合，在这之前起动电流早已到达电流继电器的吸合整定值并已动作，KI1～KI3 的动断

211

触点已断开，并将 KM1～KM3 线圈电路切断，确保转子电阻全部接入，避免电动机的直接起动。

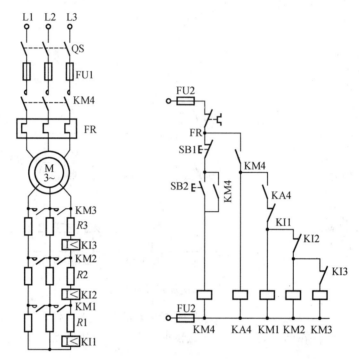

图 9.28　电流原则控制电路

2) 采用凸轮控制器的不平衡短接电阻切除法起动控制电路

(1) 凸轮控制器。有关凸轮控制器在前面已介绍过。下面学习三相绕线式异步电动机起动控制电路中涉及到的其他器件。

(2) 主令控制器。主令控制器是用以频繁切换复杂的多回路控制电路的主令电器，主要用于起重机、轧钢机及其他生产机械磁力控制盘的主令控制。主令控制器的原理结构图如图 9.29 所示。

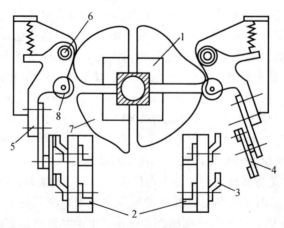

图 9.29　主令控制器的原理结构图

转动手柄时，中间的方轴带动凸轮块 1、7 转动，固定在支杆 5 上的动触点 4 随着支杆 5 绕轴 6 转动，凸轮的凸起部分推压小轮 8 时带动支杆 5 和动触点 4 张开，将电路断开。由于凸轮块具有不同形状，所以转动手柄时触点按一定顺序接通或断开。

① 主令控制器的类型。主令控制器根据凸轮片的位置是否通调整分为两种类型。一种为调整型主令控制器，其凸轮块的位置可以根据触点分合表进行调整；另一种为非调整型主令控制器，其凸轮块只有一个位置而不能调整，手柄转换时只能按照触点分合表断开或接通电路。主令控制器主要有 LK14、LK15、LK16 型。其主要技术性能为额定电压交流 50Hz、380V 以下，直流 220V 以下，额定操作频率 1200 次。

主令控制器在电路中的图形和文字符号如图 9.30(a)所示。图中，横线表示控制回路的触点，竖线表示指令控制器手柄位置。手柄位置上的小黑点表示该位置是能接通的触点，如手柄在 I 的位置时，1 号和 3 号触点接通，其余断开。触点的通断也可以用通断表来表示，表中×表示触点闭合，空白表示分断。主令控制器的通断表如图 9.30(b)所示。

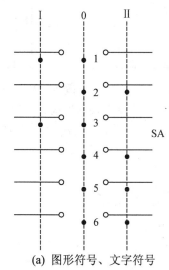

触点号	I	0	II
1	×	×	
2		×	×
3	×		×
4			×
5			×
6		×	×

(a) 图形符号、文字符号　　　　　(b) 通断表

图 9.30　主令控制器的图形符号、文字符号及通断表

② 主令控制器的主要参数如下。

(a) 额定电压和额定电流：指主令控制器触点分断或接通状态下的电压和电流。

(b) 约定发热电流：主令控制器在约定使用条件下达到允许温升时的电流值。

(c) 触点的机械寿命：触点不会产生机械故障所允许的通断次数，如 300 万次。

(d) 操作频率：每小时触点允许的通断次数。

(e) 控制的电路数：指主令控制器触点控制的回路总数。

(f) 通断能力：指一定条件下主令控制器触点能够接通或断开的最大电流。

③ 主令控制器的选择原则如下。

(a) 根据被控电路的电压和电流选择主令控制器的额定电压和额定电流及通断能力。主令控制器工作时的电流不能超过约定发热电流，否则会因过热而烧毁。

(b) 根据控制电路的回路数和操作要求选择控制回路数、操作频率和触点寿命。

④ 常用主令控制器：常用主令控制器有 LK1、LK4、LK5、LK14、LKT8 等系列。其中，LK4、LKT8 系列是可调式主令控制器。LKT8 系列属于革新产品，吸收了国外先进技术，采用 IEC 标准，有交流、直流两种工作形式。下面是主令控制器的型号含义。

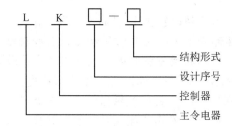

表9-5列出了LK1和LK14系列的主令控制器的主要参数。

表9-5　LK1和LK14系列的主令控制器的主要参数

型　　号	额定电压/V	额定电流/A	控制电路数	接通与分断能力/A	
				接通	分断
LK1-12/90					
LK1-12/96	380	15	12		
LK1-12/97				100	15
LK14-12/90					
LK14-12/96	380	15	12	100	15
LK14-12/97					

（3）过电流继电器。过电流继电器属于保护电器，它的线圈串接在保护电路中，当保护电路中的电流增大时，线圈电流高于整定值，继电器动作。串接在接触器线圈中的过电流继电器的常闭触点断开，使保护电路得到保护。电磁式过电流继电器的典型结构如图9.31所示。

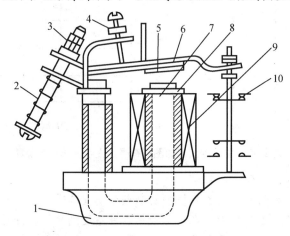

图9.31　电磁式过电流继电器的典型结构

电磁式继电器主要由线圈、铁心、衔铁、反力弹簧和触点系统组成。没有电流通过线圈或电流没有达到整定值时，衔铁靠反力弹簧的作用打开，常闭触点断开接触器的线圈回路，达到保护作用。调整调节螺钉4可改变衔铁的初始气隙大小，气隙越大则吸合电流越大。改变非磁性垫片5的厚度可调节释放电流，非磁性垫片越厚则释放电流越大。

① 过电流继电器的类型。过电流继电器按原理分成电磁式过电流继电器和感应型过电流继电器两种。电磁式过电流继电器动作迅速，可以认为是瞬时动作的，一般用于低压控制电路中，额定电流不大于5A。感应型过电流继电器的动作时间与线圈中通入的电流成反比，电流越大则动作时间越短、越迅速。感应型过电流继电器常用在高压电力系统中实现线路或电气设备的过电流保护。

② 电磁式过电流继电器的主要技术参数如下。

(a) 额定电压和额定电流：指线圈的额定电压和额定电流。

(b) 吸合电压和吸合电流：它指能使继电器衔铁动作的线圈电压和电流。

(c) 释放电压和释放电流：线圈电压降低或电流减小时衔铁释放，衔铁释放时的线圈电压或电流值叫释放电压和电流。

(d) 吸合时间和返回时间：吸合时间是线圈电流达到整定值，衔铁从开始吸合到完全闭合所需的时间。返回时间是线圈电流达到释放电流开始到衔铁完全释放所需要的时间。

(e) 整定值：通过调整反作用弹簧来整定电磁式过电流继电器的衔铁吸合电流值或释放值。这个预先整定的吸合值或释放值称为整定值。

(f) 返回系数：释放电流与吸合电流的比值称为返回系数，用 K 表示，其表达式为 $K=I_{SF}/I_{XH}$。

(g) 过电流继电器的选择：过电流继电器的线圈额定电压和电流不高于实际安装地点的电压和电流；触点的通断能力不小于控制容量；动作或整定值符合以下关系式。

交流吸合电流 $I=(110\%\sim350\%)I_N$

真流吸合电流 $I=(79\%\sim300\%)I_N$

式中，I_N 为线圈的额定电流。其图形符号和文字符号在上篇项目一任务一中已介绍过。

(4) 三相电阻器。三相电阻器主要用于交流 50Hz、AC500V 和直流 DC440V 电路中电动机的起动、制动、调速。其结构形式大多为开启式，应装在室内并加遮栏，防止触电。其主要类型有 ZX1、ZX2 系列，容量约为 4.6kW；主要参数有总阻值、每一级的阻值、额定电流和电阻元器件的数量。选择时主要考虑调速要求的阻值和功率。

(5) 凸轮控制器控制绕线电动机动作原理。凸轮控制器控制绕线电动机原理电路图如图 9.32 所示。

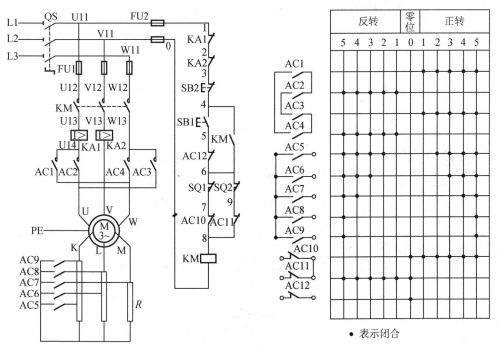

图 9.32　凸轮控制器控制绕线电动机原理电路图

凸轮控制器手轮置于零位后，合上组合开关 QS，接触 KM 线圈通电关自锁，做好电动机起动前的准备。

正向起动时，搬动 AC 手轮到正向"1"位置，此时 AC1、AC3 和 AC10 闭合，电动机接通电源正向起动，由于 AC5～AC9 全部断开，电动机串入全部起动电阻起动，具有小的起动电流和较大的起动转矩。AC 手轮由正向"1"位置转向"2"时，AC1、AC3、AC5 和 AC10 闭合，转子电阻 R 中第一级被切除，电动机转矩加大、转速提升；AC 手轮由正向"2"位置转向"3"时，AC3、AC5、AC6 和 AC10 闭合，转子电阻 R 中的第一级和第二级被切除，电动机在大转矩下正向转动；手柄继续由"3"、"4"到"5"时，依次切除起动电阻，电动机起动完毕进入正常运行状态。

停车时，手轮回到"0"位，电动机停止转动。

反向起动时，搬动手轮到反向"1"位置，此时 AC2、AC4 和 AC10 闭合，电动机接通电源并交换两相，此时电动机反向起动，由于 AC5～AC9 全部断开，电动机串入全部起动电阻起动，具有小的起动电流和较大的起动转矩。AC 手轮由正向"1"位置转向"2"时，AC2、AC4、AC5 和 AC10 闭合，转子电阻 R 中第一级被切除，电动机转矩加大、转速提升；AC 手轮由正向"2"位置转向"3"时，AC2、AC4、AC6 和 AC10 闭合，转子电阻 R 中第一级和第二级被切除，电动机在大转矩下反向转动；手柄继续由"3"、"4"到"5"时，依次切除起动电阻，电动机起动完毕进入反向正常运行状态。

AC10～AC12 的零位保护作用是：只有手柄在"0"时 AC10～AC12 全部闭合，按下 SB1 时 KM 通电；手柄在其余位置时只有 AC10 或 AC11 中的一对触点接通，此时按 SB1 起动按钮 KM 不通电。这就保证了电动机只能由凸轮控制器在"0"位时，串入全部起动电阻开始起动，然后通过手柄控制逐级切除起动电阻，进入正常运转状态。零位保护就是必须回到零位串入全部起动电阻才能起动的保护，不能在无起动电阻或串入部分起动电阻的情况下起动。

2. 转子绕组串频敏变阻器的起动控制电路

1) 频敏变阻器

频敏变阻器如图 9.33 所示。

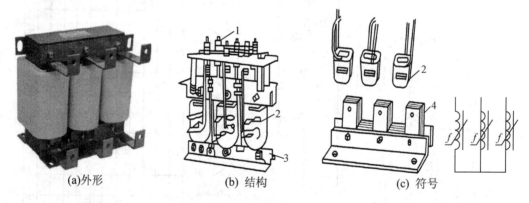

(a)外形　　　(b) 结构　　　(c) 符号

图 9.33　频敏变阻器

1—接线柱；2—线圈；3—底座；4—铁心

频敏变阻器实际上是一个铁心损耗非常大的三相电抗器，它有一个三柱铁心，每个柱上有一个绕组，三相绕组一般接成星形。频敏变阻器的阻抗随着电流频率的变化而有明显的变化，电流频率高时，阻抗值也高，电流频率低时，阻抗值也低。在电动机的起动瞬间，转子电流频率最大，频敏变阻器的等效阻抗最大(R_f 与 X_d 最大)，限制了起动电流，并可获得较大起动转矩。起动后，随着转速的升高，转子电流频率逐渐降低，频敏变阻器等效阻抗自动减小，从而使电动机转速平滑地上升，电动机可以近似地得到恒转矩特性，实现了电动机的无级起动。起动完毕短接切除频敏变阻器即可。

2) 转子绕组串频敏变阻器的起动控制电路

绕线式异步电动机转子串电阻的起动方法，由于在起动过程中逐渐切除转子电阻，在切除的瞬间电流及转矩突然增大，产生一定的机械冲击力。如果想减小电流的冲击，必须增加电阻的级数，这将使控制电路复杂，工作性能不可靠，而且起动电阻的体积较大。

频敏变阻器的阻抗能够随着电动机转速的上升、转子电流频率的下降而自动减小，所以它是绕线式异步电动机较为理想的一种起动装置，常用于较大容量的绕线式异步电动机的起动控制。

图 9.34 所示为绕线式异步电动机转子串频敏变阻器起动控制电路，KM1 为线路接触器，KM2 为短接频敏器接触器，KT 为控制起动时间的通电延时型时间继电器，KA 为中间继电器，由于是大电流的控制系统，所以热继电器 FR 接在电流互感器的二次侧。

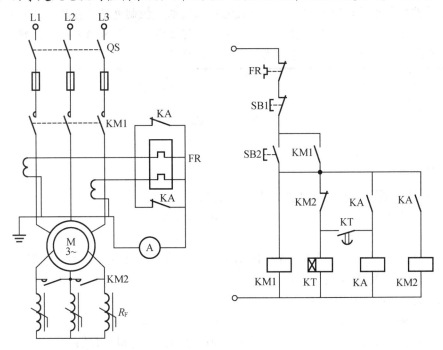

图 9.34 绕线式异步电动机转子串频敏变阻器的起动控制电路

(1) 绕线式异步电动机转子串频敏变阻器起动控制电路的工作原理。合上电源开关 QS，按下起动按钮 SB2，接触器 KM1 线圈通电自锁，电动机接通三相交流电源，电动机转子串频敏变阻器起动；同时，时间继电器 KT 线圈通电开始延时。当延时结束时，KT 延时闭合的动合触点闭合，KA 线圈通电并自锁，KA 的动断触点断开，热继电器 FR 投入电路进行过载保护；KA 的两个动合触点闭合，一个用于自锁，另一个接通 KM2 线圈电路，KM2 动合触点闭合，将频敏变阻器切除，电动机进入正常运转状态。

在起动过程中，为了避免起动时间过长而使热继电器误动作，用 KA 的动断触点将热继点器 FR 的发热元器件短接。

(2) 频敏变阻器的调整。由于频敏变阻器是针对一般使用要求设计的，因具体的使用场合不同、负载不同、电动机参数存在差异，其起动特性往往也不太理想，所以需要结合现场对频敏变阻器做某些调整，以满足生产需要。

① 改变线圈匝数。频敏变阻器线圈大多留有几组抽头。增加或减小匝数将改变频敏变阻器的等效阻抗，可起到调整电动机起动电流和起动转矩的作用。如果起动电流过大、起动时间太快，应增加匝数；反之，则应减小匝数。

② 磁路调整。在电动机刚起动时，起动转矩过大，对机械会有冲击；起动完毕后，稳定转速低于额定转速较多，短接频敏变阻器时电流冲击大。当遇到这些情况时，应调整磁路，增大上轭板与铁心的气隙。

项 目 小 结

本项目主要介绍了桥式起重机的电气控制电路分析过程，通过该项目应了解生产机械电气控制电路的读图方法；掌握桥式起重机的电气控制电路的分析方法和分析步骤、工作原理以及机械与电气控制配合的关系，组成电气控制电路的一般规律、保护环节以及电器控制电路板的制作方法、故障检修方法。

习 题

一、选择题

1. 空钩或轻载下放时，电动机处于( )状态。
   A. 反转电动
   B. 再生制动
   C. 倒拉反接制动
   D. 正向电动

2. 桥式起重机大车、小车和副钩用凸轮控制器控制，而主钩用主令控制器控制，再由接触器控制电机，其原因是( )。
   A. 主令控制器控制方便
   B. 主令接触器的触头容量大
   C. 主令控制器触头容量小，但可以控制接触器，其容量已足够
   D. 主令控制器比凸轮控制器触点更多

3. ST/C 桥式起重机主钩处于下降"1"挡时，主钩电动机仍处于正序电压，电动机处于上升状态，但抱闸打开，电动机可以转动，与"J"挡相比又接入一段电阻，使负载重力大于上升力，物体下降，电动机处于( )。
   A. 制动状态
   B. 再生制动状态
   C. 重物低速下降
   D. 重物提升

4. ST/C 桥式起重机主钩手柄在制动下降位置"2"挡时，转子电阻全部投入转子电路，电磁转矩更小，这种状态用于(   )。

  A. 重物加速下降   B. 重物减速下降

  C. 重物提升   D. 重物在空中静止不动

5. 空钩或者轻载下放时，电动机处于(   )状态。

  A. 反转电动   B. 再生制动   C. 倒拉反接制动 D. 争相电动

6. 下列哪种检查电路的方法是要求断电后进行的？(   )

  A. 电压检查法   B. 电阻检查法

  C. 短接检查法   D. 电压和电阻检查法

7. 我国生产的桥式起重机系列起重量有 5t、10t、15/3t、20/5t 等多种系列，其中 20/5t 中的分子表示(   )。

  A. 副钩起重量   B. 总的起重量   C. 主钩起重量   D. 起重时间

8. 在主令控制器电路中，专为重载低速下放而设置的为(   )。

  A. 下降 1 位置   B. 下降 2 位置   C. 下降 3 位置   D. 下降 4 位置

9. 桥式起重机的主钩电动机经常需要在满载下起动，并且根据负载的不同而改变提升速度，在吊起重物的过载中，速度亦需改变，则此电动机应选用(   )。

  A. 变极单笼三相异步电动机   B. 双笼三相异步电动机

  C. 绕线形转子三相异步电动机

10. 桥式起重机的大车与小车移行机构对电力拖动的要求比较简单，要求有一定的调速范围，为实现准确停车，必须采用制动停车，其制动方式为(   )。

  A. 能耗制动   B. 反接制动

  C. 机械制动与反接制动配合   D. 机械制动

11. 凸轮控制器是起重机械中控制电动机专用起动装置，它通过凸轮的转动来带动触点的闭合与打开，从而使电源接通或短接电阻，是起重机上的重要电气操作设备，它除了起动作用外还有(   )的作用。

  A. 调速、停止、正反运行   B. 保护功能

  C. 制动控制功能

12. 为了保证安全可靠的工作，起重机的电气控制一般都具有下列保护与联锁：电动机过载保护，短路保护，欠压保护。此外还有控制器的(   )等保护。

  A. 零位连锁

  B. 终端保护，舱盖、端梁、栏杆门安全开关

  C. A 和 B 都包含

13. 机床电气设备的常见故障为断路故障，针对这类故障通常采用的一种简便、可靠的方法为(   )。

  A. 电阻法   B. 短接法

  C. 电压法

14. 传统控制的桥式起重机一般采用的调速方法为(   )。

  A. 转子绕组串电阻   B. 齿轮变速

  C. 双速电动机调速

15. 户外建筑安装使用的多为(　　)起重机。

  A. 桥式起重机　　　　　　　　　　B. 旋转式起重机

  C. 电动葫芦

二、判断题

1. 为了适应在频繁的重载下起动的情况，要求电动机具有较大的起动转矩和过载能力。　　　　　　　　　　　　　　　　　　　　　　　　　　　　　　　(　　)

2. 为获得不同的运行速度，采用绕线型异步电动机转子串接电阻进行调节。　(　　)

3. 桥式起重机的工作性质为重复、短时工作制，因此拖动电动机经常处于起动、制动、正反转状态，其正反转是通过改变电源相序实现的。　　　　　　　　　(　　)

4. 为了保证安全可靠地工作，不仅需要机械抱闸的机械制动，还应具有电气制动以减轻机械抱闸的负担。　　　　　　　　　　　　　　　　　　　　　　　　(　　)

三、简答题

1. 桥式起重机由哪几部分构成？它们的主要作用是什么？

2. 桥式起重机对电力拖动有哪些要求？

3. 简要分析桥式起重机主钩电动机在下放重物时的各种运行状态。

4. 凸轮控制器的控制电路有哪些保护环节？

5. LK1-12/90 型主令控制器控制电路有何特点？操作时应注意什么？

6. LK1-12/90 型主令控制器控制电路设有哪些联锁环节？它们是如何实现的？

7. 在桥式起重机中，升降机构的电动机有一段常串电阻，有何作用？

8. 桥式起重机具有哪些保护环节？它们是如何实现的？

参 考 文 献

[1] 廖常初. PLC 编程及应用[M]. 北京：机械工业出版社，2004.

[2] 李向东. 电气控制与 PLC[M]. 北京：机械工业出版社，2005.

[3] 张凤池. 现代工厂电气控制[M]. 北京：机械工业出版社，2005.

[4] 许谬. 电气控制与 PLC 应用[M]. 北京：机械工业出版社，2005.

[5] 何利民. 电气制图与读图[M]. 北京：机械工业出版社，2008.

[6] 劳动和社会保障部. 维修电工[M]. 北京：地质出版社，2003.

[7] 劳动和社会保障部. 常用机床电气检修[M]. 北京：中国劳动社会保障出版社，2006.

[8] 郁汉琪. 机床电气及可编程控制器实验、课程设计指导书[M]. 北京：高等教育出版社，2001.

[9] 李乃夫. 可编程控制原理应用实验[M]. 北京：中国轻工业出版社，1998.

[10] 黄净. 电气控制与可编程控制器[M]. 北京：机械工业出版社，2004.

[11] 程玉华. 西门子 S7-200 工程应用实例分析[M]. 北京：电子工业出版社，2008.

北京大学出版社高职高专机电系列规划教材

序号	书号	书名	编著者	定价	出版日期
1	978-7-301-12181-8	自动控制原理与应用	梁南丁	23.00	2012.1 第3次印刷
2	978-7-5038-4869-8	设备状态监测与故障诊断技术	林英志	22.00	2013.2 第4次印刷
3	978-7-301-13262-3	实用数控编程与操作	钱东东	32.00	2011.8 第3次印刷
4	978-7-301-13383-5	机械专业英语图解教程	朱派龙	22.00	2013.1 第5次印刷
5	978-7-301-13582-2	液压与气压传动技术	袁 广	24.00	2011.3 第3次印刷
6	978-7-301-13662-1	机械制造技术	宁广庆	42.00	2010.11 第2次印刷
7	978-7-301-13574-7	机械制造基础	徐从清	32.00	2012.7 第3次印刷
8	978-7-301-13653-9	工程力学	武昭晖	25.00	2011.2 第3次印刷
9	978-7-301-13652-2	金工实训	柴增田	22.00	2013.1 第4次印刷
10	978-7-301-14470-1	数控编程与操作	刘瑞已	29.00	2011.2 第2次印刷
11	978-7-301-13651-5	金属工艺学	柴增田	27.00	2011.6 第2次印刷
12	978-7-301-12389-8	电机与拖动	梁南丁	32.00	2011.12 第2次印刷
13	978-7-301-13659-1	CAD/CAM实体造型教程与实训(Pro/ENGINEER版)	诸小丽	38.00	2012.1 第3次印刷
14	978-7-301-13656-0	机械设计基础	时忠明	25.00	2012.7 第3次印刷
15	978-7-301-17122-6	AutoCAD机械绘图项目教程	张海鹏	36.00	2011.10 第2次印刷
16	978-7-301-17148-6	普通机床零件加工	杨雪青	26.00	2010.6
17	978-7-301-17398-5	数控加工技术项目教程	李东君	48.00	2010.8
18	978-7-301-17573-6	AutoCAD机械绘图基础教程	王长忠	32.00	2010.8
19	978-7-301-17557-6	CAD/CAM数控编程项目教程(UG版)	慕 灿	45.00	2012.4 第2次印刷
20	978-7-301-17609-2	液压传动	龚肖新	22.00	2010.8
21	978-7-301-17679-5	机械零件数控加工	李 文	38.00	2010.8
22	978-7-301-17608-5	机械加工工艺编制	于爱武	45.00	2012.2 第2次印刷
23	978-7-301-17707-5	零件加工信息分析	谢 蕾	46.00	2010.8
24	978-7-301-18357-1	机械制图	徐连孝	27.00	2012.9 第2次印刷
25	978-7-301-18143-0	机械制图习题集	徐连孝	20.00	2011.1
26	978-7-301-18470-7	传感器检测技术及应用	王晓敏	35.00	2012.7 第2次印刷
27	978-7-301-18471-4	冲压工艺与模具设计	张 芳	39.00	2011.3
28	978-7-301-18852-1	机电专业英语	戴正阳	28.00	2011.5
29	978-7-301-19272-6	电气控制与PLC程序设计(松下系列)	姜秀玲	36.00	2011.8
30	978-7-301-19297-9	机械制造工艺及夹具设计	徐 勇	28.00	2011.8
31	978-7-301-19319-8	电力系统自动装置	王 伟	24.00	2011.8
32	978-7-301-19374-7	公差配合与技术测量	庄佃霞	26.00	2011.8
33	978-7-301-19436-2	公差与测量技术	余 键	25.00	2011.9
34	978-7-301-19010-4	AutoCAD机械绘图基础教程与实训(第2版)	欧阳全会	36.00	2013.1 第2次印刷
35	978-7-301-19638-0	电气控制与PLC应用技术	郭 燕	24.00	2012.1
36	978-7-301-19933-6	冷冲压工艺与模具设计	刘洪贤	32.00	2012.1
37	978-7-301-20002-5	数控机床故障诊断与维修	陈学军	38.00	2012.1
38	978-7-301-20312-5	数控编程与加工项目教程	周晓宏	42.00	2012.3
39	978-7-301-20414-6	Pro/ENGINEER Wildfire产品设计项目教程	罗 武	31.00	2012.5
40	978-7-301-15692-6	机械制图	吴百中	26.00	2012.7 第2次印刷
41	978-7-301-20945-5	数控铣削技术	陈晓罗	42.00	2012.7
42	978-7-301-21053-6	数控车削技术	王军红	28.00	2012.8
43	978-7-301-21119-9	数控机床及其维护	黄应勇	38.00	2012.8
44	978-7-301-20752-9	液压传动与气动技术(第2版)	曹建东	40.00	2012.8
45	978-7-301-18630-5	电机与电力拖动	孙英伟	33.00	2011.3
46	978-7-301-16448-8	Pro/ENGINEER Wildfire设计实训教程	吴志清	38.00	2012.8
47	978-7-301-21239-4	自动生产线安装与调试实训教程	周 洋	30.00	2012.9
48	978-7-301-21269-1	电机控制与实践	徐 锋	34.00	2012.9
49	978-7-301-16770-0	电机拖动与应用实训教程	任娟平	36.00	2012.11
50	978-7-301-20654-6	自动生产线调试与维护	吴有明	28.00	2013.1
51	978-7-301-21988-1	普通机床的检修与维护	宋亚林	33.00	2013.1
52	978-7-301-21873-0	CAD/CAM数控编程项目教程(CAXA版)	刘玉春	42.00	2013.3
53	978-7-301-22315-4	低压电气控制安装与调试实训教程	张 郭	24.00	2013.4
54	978-7-301-19848-3	机械制造综合设计及实训	裴俊彦	37.00	2013.4
55	978-7-301-22632-2	机床电气控制与维修	崔兴艳	28.00	2013.7

北京大学出版社高职高专电子信息系列规划教材

序号	书号	书名	编著者	定价	出版日期
1	978-7-301-12180-1	单片机开发应用技术	李国兴	21.00	2010.9 第 2 次印刷
2	978-7-301-12386-7	高频电子线路	李福勤	20.00	2013.2 第 3 次印刷
3	978-7-301-12384-3	电路分析基础	徐 锋	22.00	2010.3 第 2 次印刷
4	978-7-301-13572-3	模拟电子技术及应用	刁修睦	28.00	2012.8 第 3 次印刷
5	978-7-301-12390-4	电力电子技术	梁南丁	29.00	2010.7 第 2 次印刷
6	978-7-301-12383-6	电气控制与 PLC(西门子系列)	李 伟	26.00	2012.3 第 2 次印刷
7	978-7-301-12387-4	电子线路 CAD	殷庆纵	28.00	2012.7 第 4 次印刷
8	978-7-301-12382-9	电气控制及 PLC 应用(三菱系列)	华满香	24.00	2012.5 第 2 次印刷
9	978-7-301-16898-1	单片机设计应用与仿真	陆旭明	26.00	2012.4 第 2 次印刷
10	978-7-301-16830-1	维修电工技能与实训	陈学平	37.00	2010.7
11	978-7-301-17324-4	电机控制与应用	魏润仙	34.00	2010.8
12	978-7-301-17569-9	电工电子技术项目教程	杨德明	32.00	2012.4 第 2 次印刷
13	978-7-301-17696-2	模拟电子技术	蒋 然	35.00	2010.8
14	978-7-301-17712-9	电子技术应用项目式教程	王志伟	32.00	2012.7 第 2 次印刷
15	978-7-301-17730-3	电力电子技术	崔 红	23.00	2010.9
16	978-7-301-17877-5	电子信息专业英语	高金玉	26.00	2011.11 第 2 次印刷
17	978-7-301-17958-1	单片机开发入门及应用实例	熊华波	30.00	2011.1
18	978-7-301-18188-1	可编程控制器应用技术项目教程(西门子)	崔维群	38.00	2013.6 第 2 次印刷
19	978-7-301-18322-9	电子 EDA 技术(Multisim)	刘训非	30.00	2012.7 第 2 次印刷
20	978-7-301-18144-7	数字电子技术项目教程	冯泽虎	28.00	2011.1
21	978-7-301-18519-3	电工技术应用	孙建领	26.00	2011.3
22	978-7-301-18770-8	电机应用技术	郭宝宁	33.00	2011.5
23	978-7-301-18520-9	电子线路分析与应用	梁玉国	34.00	2011.7
24	978-7-301-18622-0	PLC 与变频器控制系统设计与调试	姜永华	34.00	2011.6
25	978-7-301-19310-5	PCB 板的设计与制作	夏淑丽	33.00	2011.8
26	978-7-301-19326-6	综合电子设计与实践	钱卫钧	25.00	2011.8
27	978-7-301-19302-0	基于汇编语言的单片机仿真教程与实训	张秀国	32.00	2011.8
28	978-7-301-19153-8	数字电子技术与应用	宋雪臣	33.00	2011.9
29	978-7-301-19525-3	电工电子技术	倪 涛	38.00	2011.9
30	978-7-301-19953-4	电子技术项目教程	徐超明	38.00	2012.1
31	978-7-301-20000-1	单片机应用技术教程	罗国荣	40.00	2012.2
32	978-7-301-20009-4	数字逻辑与微机原理	宋振辉	49.00	2012.1
33	978-7-301-20706-2	高频电子技术	朱小样	32.00	2012.6
34	978-7-301-21055-0	单片机应用项目化教程	顾亚文	32.00	2012.8
35	978-7-301-17489-0	单片机原理及应用	陈高锋	32.00	2012.9
36	978-7-301-21147-2	Protel 99 SE 印制电路板设计案例教程	王 静	35.00	2012.8
37	978-7-301-19639-7	电路分析基础(第 2 版)	张丽萍	25.00	2012.9
38	978-7-301-22362-8	电子产品组装与调试实训教程	何 杰	28.00	2013.6
39	978-7-301-22546-2	电工技能实训教程	韩亚军	22.00	2013.6
40	978-7-301-22390-1	单片机开发与实践教程	宋玲玲	24.00	2013.6

　　相关教学资源如电子课件、电子教材、习题答案等可以登录 www.pup6.com 下载或在线阅读。

　　扑六知识网(www.pup6.com)有海量的相关教学资源和电子教材供阅读及下载(包括北京大学出版社第六事业部的相关资源)，同时欢迎您将教学课件、视频、教案、素材、习题、试卷、辅导材料、课改成果、设计作品、论文等教学资源上传到 pup6.com，与全国高校师生分享您的教学成就与经验，并可自由设定价格，知识也能创造财富。具体情况请登录网站查询。

　　如您需要免费纸质样书用于教学，欢迎登录第六事业部门户网(www.pup6.com)填表申请，并欢迎在线登记选题以到北京大学出版社来出版您的大作，也可下载相关表格填写后发到我们的邮箱，我们将及时与您取得联系并做好全方位的服务。

　　扑六知识网将打造成全国最大的教育资源共享平台，欢迎您的加入——让知识有价值，让教学无界限，让学习更轻松。

　　联系方式：010-62750667，yongjian3000@163.com，linzhangbo@126.com，欢迎来电来信。